奪われざるもの

清武英利

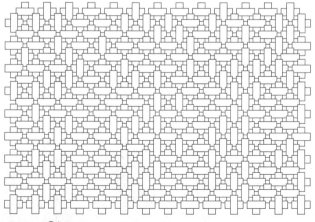

講談社+α《プラスアルファ》文庫

奪われざるもの　SONY「リストラ部屋」で見た夢　目次

利益・内部留保の推移（下）

2006	2007	2008	2009	2010	2011	2012		2013		2014	
ハワード・ストリンガー						平井一夫					
中期経営方針		エレクトロニクス事業の経営強化と収益改善			震災リストラ・雇い止め	新経営方針		PC・TV事業変革		追加削減	
2007年度末までに		2009年度末までに				2012年度末までに		2014年度末までに		2015年度末までに	
▲10,000人		▲16,000人				▲10,000人		▲5,000人		▲2,100人	
特別転進支援		早期退職支援		早期退職支援							
30歳以上	30歳以上	35歳以上	35歳以上	35歳以上	40歳以上	40歳以上	40歳以上	35歳以上	40歳以上	40歳以上	40歳以上
48ヵ月		54ヵ月		54ヵ月	48ヵ月	40ヵ月	40ヵ月	36ヵ月	36ヵ月	36ヵ月	36ヵ月
163,000	180,500	171,300	167,900	168,200	162,700	146,300		140,900		131,700	
4,500	17,500	−9,200	−3,400	300	−5,500	−16,400		−5,400		−9200	
16,632	17,555	18,054	16,230	16,617	16,576	15,531		14,642		12,286	
438	923	499	−1,824	387	−41	−1,045		−899		−2,356	

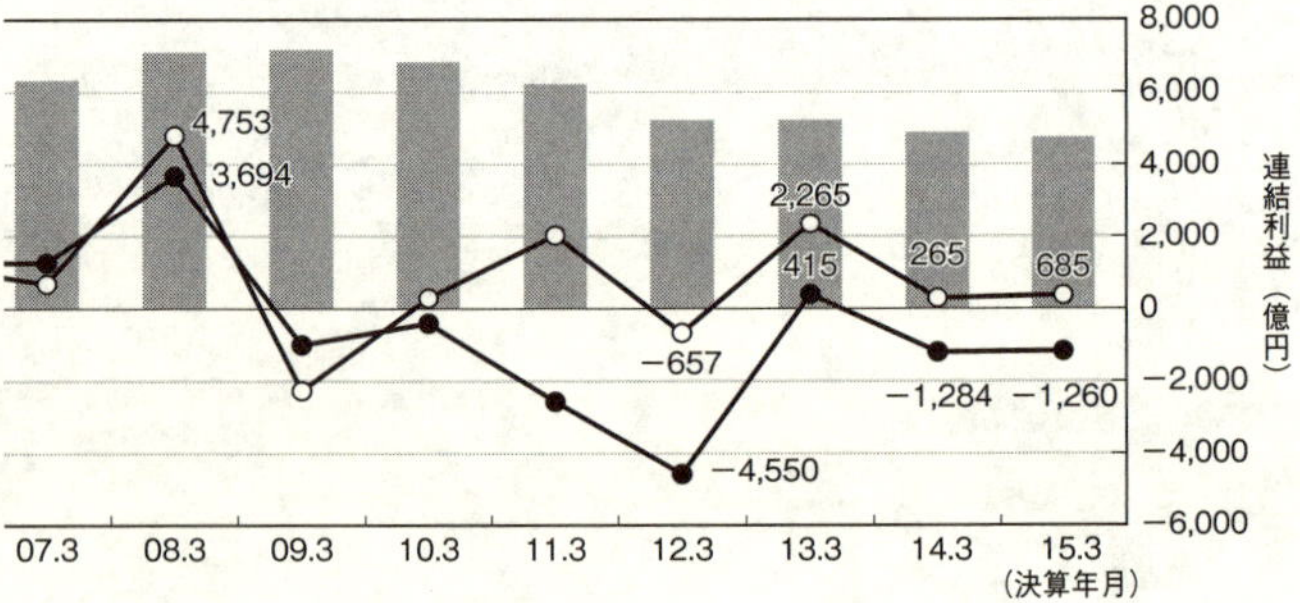

ソニーのリストラ年表（上）と

年度		1996	1997	1998	1999	2000	2001	2002	2003	2004	2005
最高責任者		大賀典雄			出井伸之						
リストラ施策				経営機構改革（第１次構造改革）					TR60（第2次構造改革）		
期限			2002年度末までに						2005年度末までに		
削減数（グループ全体）			▲17,000人						▲20,000人		
希望退職早期退職	名称	セカンドキャリア支援	セカンドキャリア支援						セカンドキャリア特別支援		早期退職支援
	対象	35歳以上	35歳以上	35歳以上	35歳以上	35歳以上	35歳以上	35歳以上	30歳以上	35歳以上	30歳以上
	最大加算金	36ヵ月	36ヵ月	36ヵ月	36ヵ月	36ヵ月	36ヵ月	36ヵ月	72ヵ月	60ヵ月	54ヵ月
ソニーグループ	従業員数	163,000	173,000	185,200	189,700	181,800	168,000	161,100	162,000	151,400	158,500
	前年度比		10,000	12,200	4,500	−7,900	−13,800	−6,900	900	−10,600	7,100
ソニー㈱単独	従業員数	21,937	21,559	21,308	19,187	18,845	17,090	17,159	17,672	15,892	16,194
	前年度比		−378	−251	−2,121	−342	−1,755	69	513	−1,780	302

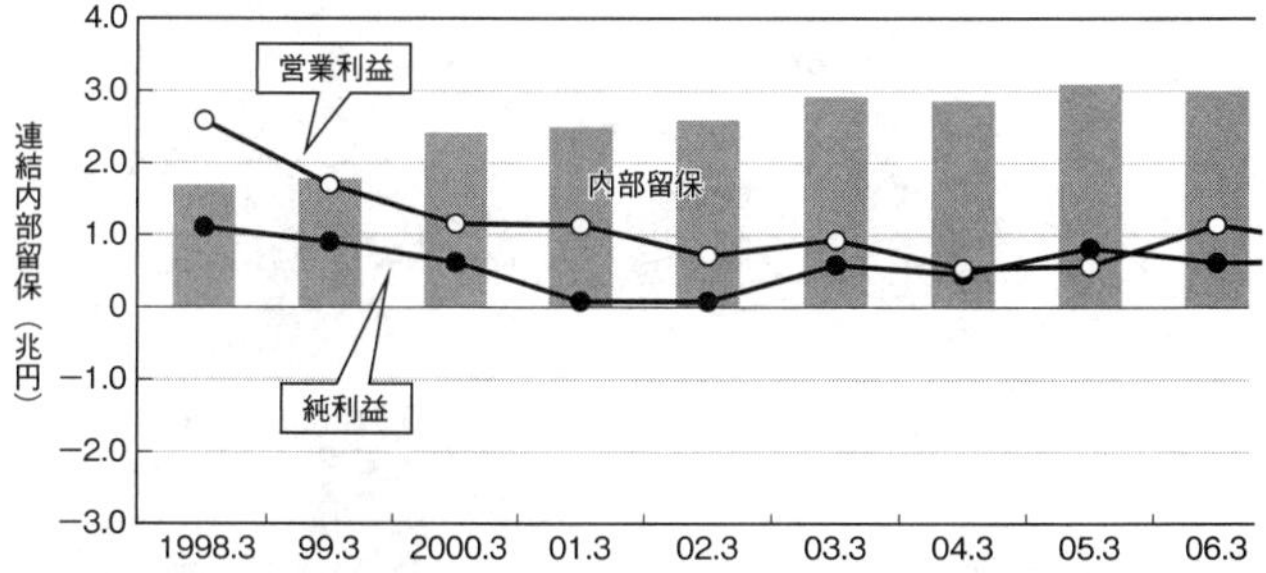

ソニー㈱有価証券報告書、業績発表文、決算短信などの資料から作成したもの

旧ソニー村のビル群

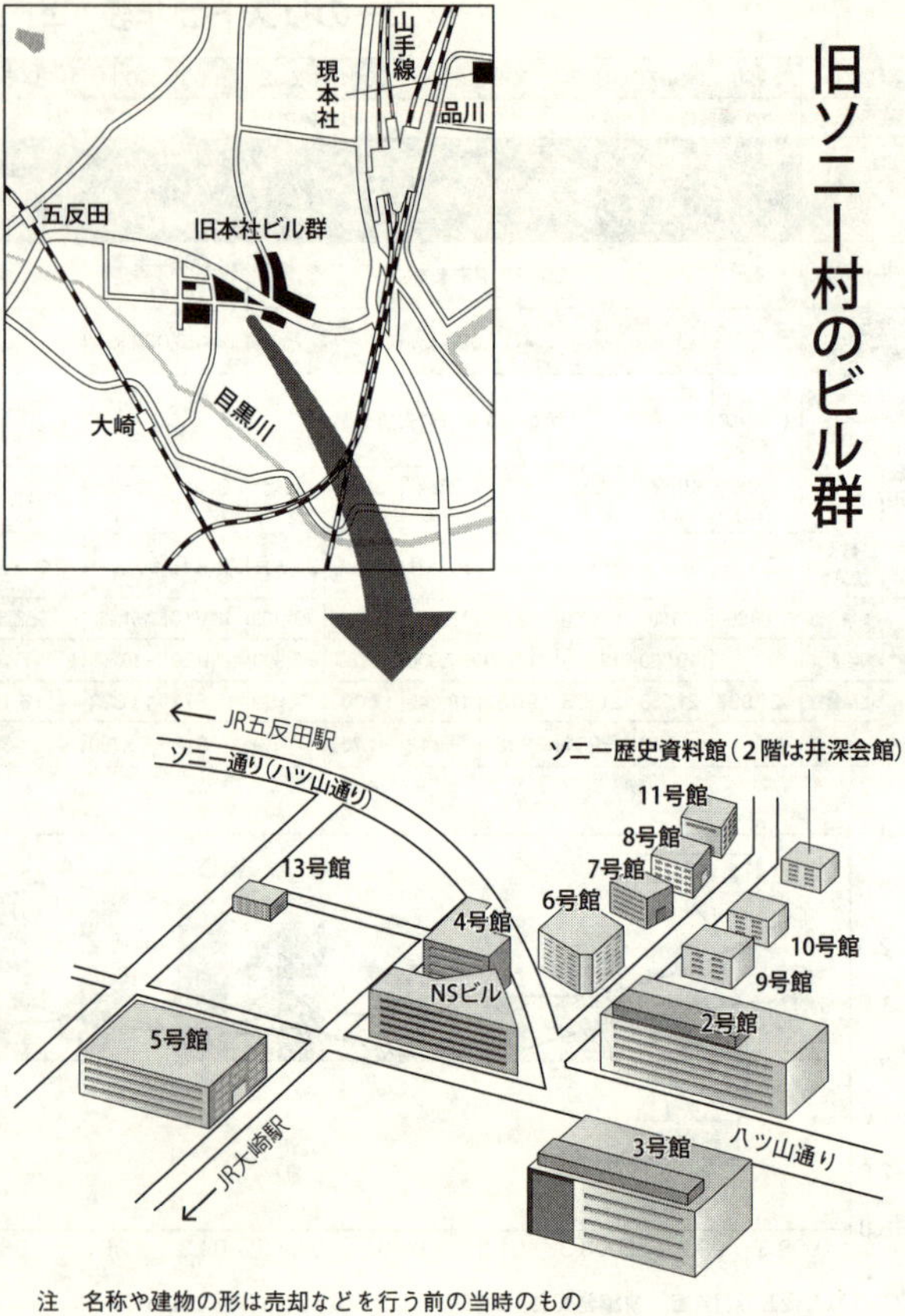

注　名称や建物の形は売却などを行う前の当時のもの

第1章

凋落《ちょうらく》の予兆

2006－2007

1　居酒屋「目黒川」

茜色《あかねいろ》の夕空が薄墨色《うすずみいろ》に暮れ始めると、目黒川に近い公園の人影は少しずつ闇になじんでいく。三方を低い雑居ビルに囲まれたその公園は、一方だけが目黒川沿いに開けていて、それがベンチで酒盛りをする男たちにひと時の解放感を与えていた。２００６年のことである。

ここは東京都品川区北品川５丁目。御殿山にあったソニー本社から歩いて７、８分のところだ。本社の前から西へ下ってＪＲ五反田駅東口に至る八ツ山通りは「ソニー通り」と呼ばれている。公園は、社員たちが通るソニー通りから路地に入っていて、もう住宅街に近かった。街の喧騒《けんそう》は聞こえない。

昏《くら》い公園にはトイレとベンチが２つ。丸い木製テーブルが付いたベンチでは毎月、背広の男たちが酒宴を開いていた。

「今日、どうする？」

「行く？」

「行こうか」

そんな声でサラリーマンが会社帰りに行く先は普通、居酒屋と決まっている。だが、ソニーのキャリア開発室——通称「リストラ部屋」の面々が行く場所は少し違っていた。

毎月、本社近くのコンビニで缶ビールやカップ酒、つまみを買って、午後6時ごろに公園に集まるのである。

「ガード下の屋台か、駅前の安い居酒屋でやりましょう」

という声もあったのだが、50代も半ばに差し掛かる〝先輩〟の声は説得力があった。

「俺たち、キャリア部屋にいるわけだし、給料も減ってるからね。お金は使えないから公園でやろうよ……」

「小遣いも減らされちゃったですしね」

「そうそう。店を飲み歩く立場でもないしな」

そんな会話があって、初めは目黒川の花見や暑気払いを理由に公園に集まった。目黒川沿いは桜の名所で、春になると黒い川面すれすれのところにまで800本のソメイヨシノが折り重なって咲き誇るのだ。

やがてその公園は3、4人が帰宅時に息抜きをし、情報交換をする場となっていった。彼らだけの居酒屋「目黒川」だ。

ソニーのキャリア開発室の源流をたどると、中高年社員対策として1985年にスタートした「能力開発センター」に行き着く。当時の言葉で言えば、「窓際族」対策である。職場で持て余し気味の中高年――人事担当者は「職場にフィットしない人々」と表現するが――そんな社員を集め、雑用を与えながら転職支援を行っていた。

初めのころ、彼らはグループ会社に送り込まれ、そのキャリアや給与に見合わない仕事をさせられたという。電線工事や社内のビデオ作成、総務という名の何でも屋、中には、「ファシリティマネジメント」と呼ばれる清掃などの管理業務もあった。しかし、合理化が進み、グループがスリム化するとグループ会社でもさばききれなくなった。

それでも簡単に解雇するわけにいかない。整理解雇するには、人員削減の必要性と合理性が存在しなくてはならないのだ。それに、解雇を避けるための努力義務が尽くされていて、なおかつ解雇手続きも妥当で適正であることが求められる。その上に、ソニーには「We are family」の言葉に象徴される家族主義と、創業者たちが唱えた

「リストラ不要論」があったからだ。

ところがいつの間にか、能力開発センターの看板は取り替えられ、96年12月に「セカンドキャリア支援」事業が始まる。その〝意味〟は後で詳述する。２００１年になると、ソニーに「キャリアデザイン推進部」が設けられていた。その推進部の下にある「キャリア開発室」（時代によってはキャリアデザイン室）に入ってくる社員には雑用すら与えられなくなる。マスコミに報道されるのはそれから10年近く経ってからのことだ。

その経緯や実態は後に、元社員たちへの取材や証言によって明らかになる。

社員が気づいた時には、通称「ソニー村」――当時の本社近くのビルにキャリア開発室が置かれていた。神奈川県厚木市の厚木テクノロジーセンターと、宮城県多賀城市の仙台テクノロジーセンターにも、それぞれ「厚木」「仙台」を冠したキャリア部署が設けられている。

それは一部の社員だけが知る特殊な部屋だった。そこに送り込まれた社員は自らのコネで社内の受け入れ先を探すか、早期退職して転職先を見つけるか、あるいは何と言われても居座り続けるかの３つの道しかない。

いずれにせよ、キャリア開発室に通う面々は会社から早々に出ていくことを期待されていたから、その部屋は社員から「追い出し部屋」と呼ばれていた。
一方、追い出される側の中には、「ガス室」と呼ぶ面々もいる。サラリーマンの命である仕事を奪い、もとの職場には生きて帰れないからだ。新たな仕事は与えられずそこに一日中、閉じ込められている。

居酒屋「目黒川」は、その息苦しさを味わっている者の不思議な夜の空間だった。常連は50代が2人、30代が1人、そして40代が1人。その四十男がソニー海外営業本部課長だった斎藤博司である。

彼のリストラ部屋は、ソニー13号館という不吉な数字を冠したビルにあった。正確には「御殿山テクノロジーセンター13号館」という。

周囲は緑が薄く、中層の似たようなオフィスビルだらけだ。それも白かベージュ色に塗られた外壁の建物が多いから、初めての者はたいてい路地の曲がり角に立ってうろうろと探し回っている。ソニーは成長するにつれて周辺の賃貸ビルを借り上げ、社員でもソニーのビルの数がいくつあるのかよくわからなくなっていた。13号館は存在すら知られていないビルの一つだ。某メーカーから借りたビルらしいが、館内はどこか暗い印象があった。「病院跡を改装したらしいよ」という噂が立ち、薄気味悪いという女子社員もいた。

斎藤はその4階にいる。通称「13G4F」。「13号（G）館4階」の意味だ。普通ではない会社を創業者が目指したせいか、ソニーという企業は数字や縁起、方角など細かいことにこだわらないところがある。所属は、「AU&DI 人事部 キャリア開発室」。英語で記せば、「Career Development Section AU & DI Human Resources Dept.」となる。

ソニーは英語とカタカナが大好きな会社で、AUはオーディオ、DIはビデオカメラやデジタルカメラを扱うデジタルイメージングの略だ。2つの部門が合体したソニー最大のこの事業本部本体は、品川駅港南口の高層ビル「品川インターシティ」にあった。斎藤は本体の事業本部から切り離されて、事業本部人事部傘下のキャリア開発室に所属していたわけだ。

キャリア開発室は、人事担当役員の方針や整理したい人数によって、ソニー村の1カ所に集められたり、事業部門ごとに分散して置かれたりしたが、このころは分散型を取っていた。

彼が通った部屋は40人ほどの収容能力があり、20人弱が在籍していた。大半が終日、語学を勉強したり、ネットサーフィンをしたり、新聞や雑誌を読んだりしている。この部屋で斎藤は業界情報や経済資料を集めたり、過去の営業情報をまとめたりして、「ハッサン通信」と名付けたメールで社内に定期的に流していた。

そうでもしていないと、気が狂いそうだったのだ。会社に期待されず、やることがないことほど苦しいことはない。

「ハッサン」とは、斎藤が中近東を担当していたときに代理店のオーナーに付けてもらったミドルネームだ。現地では「ヒロシ・ハッサン・サイトウ」と名乗っており、その「ハッサン」が彼の愛称になっていた。

キャリア開発室は、「自身のキャリアを開発する」というのが建て前だ。外部には、「社員がスキルアップや求職活動のために通う部署」と説明されている。だが、キャリアデザインと呼ぼうが、人材開発と言おうが、実際のところは社内失業に追い込まれた社員が集められるところだ。人事部員自身がそれを認めている。

だから、社員同士が連帯感を深めたり、意見を交わしたりする仕組みがない。それでも人間は――特に「人の間」で生きてきたサラリーマンは一人では生きていけない。大減俸や失職の不安は家族にも打ち明けられない。家族を苦しめるだけだから。

そこから見栄や外聞を捨てた「公園飲み会」が生まれた。

「どうしますか。今度の早期退職プログラムですが、乗りますか」

「うーん、僕はもう少し会社に残るよ。辞めたその先がね、心配だし……」

「面談はどうでしたか」

リストラ部屋では1ヵ月に1度、キャリア開発室長らと彼らとの定期面談が行われていた。人事部側としては、仕事のないキャリア部屋の面々にいつまでも居座られても困るのである。そこで退職加算金や転職支援会社の紹介を組み合わせた優遇案を提示し、じわりと説得にかかっている。

「これからどうするのか、と強く聞かれましたよ。そう聞かれてもね」

「比較的、条件の良い転職先があるんですけど、どう思います？」

「ハッサンのところは、子供さん、いくつだっけ？」

「男の子が2人いるんですよ。上の方は小学生です」

「奥さんはなんて言ってるの」

「何をですか？」

「ほら、キャリア室にいることとさ」

「いや、別に……。かみさんは『食べていければいいよ』と言ってますけど」

斎藤のなかに、公園で宴会する自分たちを「惨めだ」と思う気持ちがないわけではい。

「どうしようかねえ」

という言葉はその場でも飛び交っていた。昏い公園だから相手の表情はよく見えない。

「困ったね」

しかし、うつむいていた者はいなかった。彼らの中には、自分たちは公園でホームレスのように飲むくらいがちょうどいいのだ、という倒錯した感覚と、星空の下で飲むことをどこかで面白がる気持ちが混在している。

そして、ほろ酔いのなかで開き直る不思議な明るさがあった。柿の種をぼりぼりとかじりながら、斎藤はこう思っていた。

――いまはこんなところにいる。でも、ここまで落ちたんだから、後は這い上がるだけだよな。

2時間ほど飲んで不安や愚痴や家庭の内情を吐き終わる。

「お疲れさん」

「お疲れ様でした」

と言って別れた。家族に公園のことを話している者はいないようだった。帰宅してから何事もなかったように家族と食事をするメンバーもいたのだ。

斎藤がリストラ部屋に送り込まれたのは２００６年7月のことである。当時、働き過ぎてうつ状態に陥っていた。ほんの少し前まで、アフリカや中近東を駆け回る花形の海外営業マンであった。

前兆はあった。２００２年夏、メキシコシティでの会食中に心臓の激しい動悸が止まらず救急病院で1泊している。

その後もメキシコからＪＡＬ機でバンクーバーに降り立つ直前、突然、息苦しくなって倒れた。駆け付けた医師は「ストレスによる過呼吸」と診断した。入社14年目のことだ。

彼は１９８９年に入社し、海外営業本部中近東・アフリカ部に配属されている。ソニー創業時代を知る社長の大賀典雄が最高経営責任者（ＣＥＯ）を兼任し始めた年だ。

斎藤は身長１８３センチ、体重75キロ。堂々たる体軀はどの国でも見劣りしなかった。入社4年目にはキプロス支店、6年目にチュニジアの代理店を一人で任され、年間35億円を売り上げている。

このころ、ソニーのグループ連結売り上げは４兆円近くに達していた。大賀が社長に就任した１９８２年の約１兆円に比べると、約４倍にも膨れ上がっている。ソニーはユニークな技術開発に加え、日本企業が苦手にしていた海外営業を得意とする会社だった。

斎藤はその一翼を担う陽気な尖兵である。入社９年目にはドバイに駐在し、シニアマネージャーとして年間７００億円の売り上げに貢献した。

その２年前、大賀は会長に退き、新社長に広告・宣伝、デザイン、広報部門担当常務だった出井《いでい》伸之を指名していた。副社長ら14人を抜く抜擢人事である。

出井は、「ヨーロッパで伸びる会社で働きたい」という動機でソニーに入社している。ヨーロッパ駐在を10年近く務め、「ソニー・フランス」を設立した国際派だ。スマートでお洒落、強気で弁が立った。

その出井は１９９５年４月３日、パレスホテルで開かれた入社式で、約２７０人の新入社員全員と握手をした。終いに手がしびれていたのだが、そんな素振りを見せず、壇上でこう檄を飛ばしている。

「頑張ってくださいと皆さんに申し上げましたが、途中からは自分に頑張れと言っているような気持ちになりました。来年、ソニーは創立50周年を迎えます。ソニーにとっては第二創業期のスタートであり、新たに生まれ変わる時だと思っています。皆さんも連結売り上げ4兆円規模の大企業に入社したと思わず、これから生まれ変わる会社に入社したと思ってください」

創立50周年を「第二の創業」と位置付け、「リ・ジェネレーション」と恰好《かっこう》よく表現する出井に、社員たちは尻を叩かれ、斎藤もまた奮起した。家族や自分の体のことを顧みることはなかった。

バンクーバーでの過呼吸の症状は明らかな異変を告げていたのだが、短い休養を取った後、再び職場に戻る。異常と不安は酒を飲んでごまかしていた。

暗転したのは、2003年に課長職に就き、車載機器の海外マーケティング統括を任された後だった。新任の上司とそりが合わず、鬱々としていた。2005年になって、ジャーナリスト出身で副会長だったハワード・ストリンガーが出井の指名を受けて会長兼CEOに就任し、社員から意見を公募した。

ソニーの歴代社長は、初代の前田多門(元文相)、井深大《まさる》、盛田昭夫、岩間和夫、大賀典雄、出井伸之、安藤国威、中鉢《ちゅうばち》良治、ストリンガー、平井一夫と続いている。このなかで、実質的な権力を握り、舵取りにあたった最高責任者は、井深、盛田、大賀、出井、ストリンガー、平井という系譜だ。

いずれにせよ、ストリンガーのような外国人がソニーのトップに就くのは初めてのことだったし、ソニー凋落の気配がささやかれていたから、斎藤はこの意見公募を真面目な試みと受け止めた。英語と日本語でストリンガー宛に意見を書いた。

「誰が書いてもいい、本人が目を通す」というのだ。ところが、何ヵ月たっても会長室からは何の音沙汰もなかった。

――意見を募ったのであれば、せめて「拝読した」「検討する」くらいの返事はすべきではないか。

斎藤はそう考えて、当時の上司であるAU&DI(オーディオ・アンド・デジタルイメージング)本部長宛にメールを送った。

〈もし、ストリンガー会長にお話を聞いていただけるならば参上したい〉という趣旨だったが、これが逆鱗《げきりん》に触れた。

「偉そうな口をきくな。お前は何様だ」というのである。人事部に呼びだされ、厳しく叱責された。

――建設的な意見を言った者がどうして目の敵にされるのか。

そう思うと、やる気は失せ、会社に行くのが面倒になった。やがて、朝、布団から起き上がることもできなくなった。休職と復職を3度繰り返した。管理職失格である。

そこで上司から指示を受ける。

「君はいったん、キャリア室で体を治したほうがいい」

社内休職だった。

斎藤に対する叱責が社内にもたらした教訓がある。

ソニー社内には「出過ぎたクイは打たれない」「出るクイは伸ばせ」という言い伝えがあった。ちょっと出ただけのクイは打たれるが、チャレンジ精神に満ちた提言や「本物の異端」は打たれない、むしろ珍重される——というのである。実際に、ソニーが1969年に新聞に出した求人広告にはこうあった。

「出るクイ」を求む！

——SONYは人を生かす

それは当時の副社長・盛田昭夫自身が考えた、という伝説があった。

盛田と井深は敗戦翌年の1946（昭和21）年5月、ソニーの前身である東京通信工業株式会社を興し、画期的な製品を次々に生み出して世界企業に育てあげている。テープレコーダー、トランジスタラジオ、トランジスタテレビ、小型ビデオテープレコーダー、トリニトロンカラーテレビ……それらはいつも世界初か、日本初のものだった。

創ったのは井深、世界中に売り歩いたのは盛田だ。

70年代以降もウォークマン、コンパクトディスク、プレイステーションと、いつも世の中をあっと驚かせる商品を送り出してきた。

ただ、井深や盛田が社員たちに敬愛されたのは、戦後の焼け跡のなかで、誰もが見たことのない「愉快なる理想工場」の看板を掲げ、その実現を目指したためだ。

天才技術者でもあった井深は、東京通信工業の設立趣意書に、会社設立の目的をこう書いている。

〈真面目なる技術者の技能を、最高度に発揮せしむべき自由闊達にして愉快なる理想工場の建設〉——社員が仕事をすることに喜びを感じ、楽しくて仕方がないような活気ある職場作り、ということだ。

その井深や盛田が前述の型破りな広告で世の中を驚かせたのは、日本の国民総生産

（GNP）が世界第2位に躍り出たころだ。

ソニーは人材を外部から求めただけではなく、内部から発掘しようとも試みている。1966年には、人事開発室が「社内人材募集制度」を始めていた。社内からの人材公募だった。

各部門や新設のプロジェクトチームがソニーの社内報に「こんな人を求めます」という募集広告を出す。「やりたい」と意欲を持つ社員は、所属の上司に報告せずに、人事開発室に直接申し込むのである。そして、人材を求める部署と面接をし、条件に合えば移ってもいいという制度だった。ソニーは、そんな自由闊達な会社だったのである。

今も、ソニーの採用情報には、〈組織のルールや慣習に縛られない人を、ソニーはずっと求めています〉と記されている。

しかし、斎藤のケースは、トップに直言する異端のクイが次々と引っこ抜かれるようになってしまった現実を如実に示している。そして、「意見公募」と言っても、実際はトップに現場の声が届かなくなっていったこと、日本語が理解できないストリンガーは雲の上の存在で、斎藤のような現場の直言を煙たがる雰囲気が社内官僚の間に広がっていたことを証明してしまった。

企業トップの役割や求められる資質とは何だろう。進むべき明確なビジョンを社員らに示す。業績を上げて次の成長を促す。後継者を育てる――。

しかし、それ以上に大事なのは企業で働く者たちの意見を吸い上げ、時には異才の登用によって組織を活性化させることだ。それが自然に成長の種と後継者たちを残していく。

井深や盛田は町工場から出発しているから、現場のエンジニアたちとの緊密なやり取りがあった。だが、出井やストリンガーは技術者ではないこともあって、ほとんど現場に顔を見せなかった。ストリンガーの場合は米国に自宅と拠点を置いた。日本にほとんどいないので、なおさら現場との距離が離れていった。そして、井深や盛田の薫陶を受けたうるさ型の古手役員や技術系役員が遠ざけられるようになっていく。

結局、斎藤は9ヵ月間、「リストラ部屋」にいた。会社を辞めたのは、人事部長にこう言われたからだ。

「外部の人間とお前は話をさせられない。国内営業も無理だ。内職というか、数字をいじるぐらいしかさせられない」

そのころ、知人から「ソニーで吹きだまってるんだったら、ウチで営業や貿易実務をやらないか」と声をかけられた。体を壊してようやく、家族や人の温かさに気づき始めていた。

――あのまま働いていたらいずれ過労死していたに違いない。そして、イエスマンのヒラメ上司たちに迎合する人生しかなかった。

そう見切ると、不思議に元気が出た。

斎藤は２００７年春から「ハッサン・マーケティング・コンサルティング」を起業しながら、外資系企業で働いている。年収もソニー時代の水準に戻った。海外を飛び回る一方で、２人の息子のコーチ業にも忙しい。いまは小学生の二男とサッカーに夢中だ。

彼と公園居酒屋「目黒川」のリーダーは２００７年3月末に一緒に辞めた。キャリア開発室のメンバー12人が公園ではなく、本当の居酒屋で送別会を開いてくれた。

「転職してうまくいったら、私たちを雇って！」

「任せたわよ」

リストラ部屋の女性たちが言った。

その時に、「目黒川」のメンバーが言った言葉は忘れない。

「お互いに心機一転頑張りましょう。おっと、頑張り過ぎちゃいけないんだ」

2 「ガス室」からの生還

その斎藤たちと入れ違いに、リストラ部屋に収容された人物がいる。

滝口清昭。工学博士である。

もともと交通システムやGPSの研究開発を手掛けていた。ソニーの情報技術研究所時代に、耳慣れない「準静電界」という分野に着目し、その実用化を夢見ていた。

準静電界とは人の体を包むように存在する微弱な電気力の空間のことで、動物は脳からの指令を神経細胞を通して伝達し、筋肉を動かす際にこの電気的な力を発生させている。人間もまたそれを身にまといながら、この電気的な揺らぎのような力を周囲に伝えている。

滝口は、私たちが感じる「気配」の正体はこの準静電界ではないか、という仮説を立てた。ちなみに、この「気」というエネルギーは、晩年の井深大の研究テーマの一つであった。井深のような天才技術者も魅せられる未知の分野なのである。

――たぶん、人間は内耳にある有毛細胞で準静電界を捉え、脳に伝えているんだ。

滝口は準静電界の存在を証明したうえで、人体を一種のアンテナとして機能させ、個人認証や会議通信などに応用しようと試みた。ところが、当時全く知られていない準静電界の研究やそれに没頭する姿勢が、上司には理解されなかった。こう言われる。

「準静電界なんてあるはずがない」

「研究のやり方がおかしいんじゃないか」

そんな幹部の言葉を無視して、滝口は頑固に研究を続ける。

「自分の研究は、上司の研究成果の限界点を超えているんだ」

そう思い、自由で挑戦的なソニーの社風を信じてもいた。

創業者の盛田は1982年度の採用パンフレットでこう訴えている。

〈誤解を恐れずにいうと、私は『生意気な人』がほしい。ソニーというのは『生意気な人』の個性を殺さない企業です。思わず腹立たしくなるような生意気な人が、すばらしい仕事をする会社ですよ。そういう人たちの挑戦的な姿勢が、ソニーの原動力です〉

ところが、滝口はしばらくすると上司に告げられる。

「君はウチでは仕事がない。要らない人間だ」

滝口とその研究内容に興味を持つ部門もいくつかあったが、社内転籍の話が具体化すると、なぜか横やりが入った。２００７年になっていきなり、斎藤たちとは別の「キャリア開発室」に異動を命じられる。品川区東五反田にあった。当時の肩書は、情報技術研究所のシニアリサーチャー。管理職の上級研究員である。

怒りを抑え、彼は命じられるまま、リストラ部屋に異動した。ちなみにリストラ部屋は、ある時期は「キャリア開発室」、別な時期は上司の感覚で「キャリアデザイン室」と組織名が変わる。一般社員からは「キャリ開《かい》」「キャリア室」と呼ばれていた。

そこには50人ほどのリストラ要員がいた。時折、誰かがため息を漏らす。奇声を上げる者もいた。

「アーーーッ！」。部屋中に響くその声を、何事もないかのように誰もが無視している。そして、また静けさが広がる。

そして社員が新たに収容されては辞めていく。だから頻繁にメンバーが入れ替わった。部屋の内情やいきさつがよくわからないのはそのためだ。

「しばらくは、徹底的に死んだふりをしておけよ」

知人にはそう言われていたが、滝口はじっとしていなかった。準静電界を応用した携帯音楽プレーヤーの試作品を持ち込み、リストラ部屋の人事監督者に見せた。準静電界では、線を使わずに人体を通して信号を送るので、ヘッドフォンまでの配線がいらないという利点がある。人事監督者が思わずこう漏らした。

「君は面白そうなことをやっているんだね」

心を動かされたのである。やはりこの人もソニーの「面白がり」の一人なのだ。リストラ部屋では求職活動以外は禁止されていたが、その幹部は黙認してくれた。静寂の部屋に、滝口はハンダごてやドリルなど自前の工作道具を持ち込み、研究を続けた。

その様子を人事監督者はじっと見ていたようだった。ある時、強く勧められた。

「そこまでやるんだったら、上の幹部に試作品を見せにいけよ」

滝口は少しずつ生気を取り戻した。

「リストラ部屋に来てから逆に明るくなったぞ」

と、彼に言われるほどになった。

出来上がった試作プレーヤーを周囲に見せると、滝口の異才を惜しむ幹部が動いた。

「今のソニーにないモノはこういうモノなんだよ」

技術担当の副社長は言った。そして、彼を研究開発の現場である技術本部に引き戻した。

周囲は「救出」と呼んだ。「ガス室」から滝口は生還したのである。

その後、彼はソニーを退職して、東京大学生産技術研究所（東京・駒場）の特任准教授に転じた。現在は、ＪＲ東日本など複数の民間企業とともに、「準静電界通信技術」を応用した通信や遠隔個人認証の共同研究を続けている。

彼がＪＲ東日本などと取り組んでいる最新自動改札機は「タッチレスゲート」と呼ばれる。現在の自動改札機はＳｕｉｃａのようなＩＣカードを改札機にタッチしなければならないが、未来の改札機は、Ｓｕｉｃａをポケットやカバンに入れたまま通り抜けることができる。準静電界通信技術を応用した改札機が人体を通じてＳｕｉｃａを認識するのだ。

テレビ番組でも「超ラクチン改札」と紹介され、ＪＲ東日本研究開発センターで実用化実験が続けられている。

滝口の夢の実現まであと一歩だ。

滝口のように上司とそりの合わない者や「とんがった」エンジニアなどはしばしば

人員削減のリスト候補に挙げられる。能力の劣る社員だけがリストラの対象になるわけではないのだ。

こうしたリストラを「えげつないなあ」と感じた幹部が少なからずいた。その中に、ソニーの社長や人事部に進言した者がいた。

「サイコロを振って、整理する者を決めるべきじゃないですか？」

元業務執行役員SVP（シニア・バイスプレジデント）の近藤哲二郎である。後述する「A^3（エーキューブド）研究所」の所長で「異端のエンジニア」と呼ばれていた。

彼は初期のリストラの後、早期退職した社員と彼らの能力について相関関係を調べた。文系社員の評価は難しいが、理系社員の評価は例えば、取得した特許の数で表すことができるのではないかと考えたのだ。

社内の特許データベースをもとに上位数百人を並べ、そのうち何人が早期退職者募集に応じて辞めたかを追跡した。人事部は辞めた社員の情報を明かさないため、「ソニータイムズ」という社内報などの人事情報を拾った。

その近藤が言う。

怒っているような、嘆いているような、ぶっきらぼうな口調である。

「当時は何人に一人という割合でリストラする人数が決まっていました。例えばそれを10人に一人の割合とします。ひどく大雑把に言えば、1割削減が目標のリストラがあったとする。特許数のトップ100人のグループは、このリストラに対して3割ほども辞めていた。だが、次の101人から200人のグループの早期退職は2割にとどまる。そういう具合に、特許を取っていて役に立ちそうなグループの社員ほどたくさん辞めていたんですよ」

彼はその相関関係を示すデータをまとめて、トップが出席した会議で提案した。

「リストラの対象者は、サイコロを振って決めるわけにはいきませんか。10人に一人が当たって、『はい、ご苦労さん』という方が絶対に会社のためになります」

人事部側は自らのリストラ策を「考え抜き、傷を最小限に抑えたものです」と主張していたが、近藤は疑問を感じて問題提起したのだった。

人間は己が大事、自分の派閥が可愛いのだ。そうしてはじかれる人間の中に粒よりの人材が混じっている。神ならぬ身の人間が人を正しく評価することができるのだろうか。

人間の能力はさほど変わらないのだから、どうしても避けられないリストラならば、ランダムにサンプリングした方がいい。組織全体が有機的に結びつく関係を残せる方がいい——近藤はそんな考えを持っていた。

当時、トップの座にいた出井は、「考えてみる」と言った。

他の役員や人事部にもデータを見せ、説明をしたが、そこで「サイコロリストラ」が検討された様子はない。

この5年後、リストラの波は近藤の研究所にも押し寄せる。怒ったのは、近藤を慕う研究者たちであった。それについては後で触れる。

「大学や企業は奇人、変人をもっと抱え入れなければならない。そういう異端者が成功したときには尊敬される人物に育っているものだ」

これは「オンリーワンであれ」と唱え、ノーベル化学賞を受賞した理化学研究所理事長・野依良治（当時は名古屋大学大学院教授）の言葉だ。

新しい世の中や画期的な発明、発見はたいてい異端者によってもたらされてきた。日本企業のなかで異端の才能を最も評価していたのは、かつてのソニーであった。その異端者たちがリストラ部屋に収容されるところにその後のソニーの不幸があった。

その会社の変容を、誰よりも冷静に見つめていた人々がいる。

フランス北東部に広がるアルザス地方は、東にドイツ、南はスイスに隣接し、文化や歴史が交差するヨーロッパの十字路である。宮崎駿監督の映画『ハウルの動く城』の舞台と言われる古都で、県都のストラスブール旧市街は世界文化遺産に指定されている。

3 ソニー王国の妻たち

ソニーは1986年以来、ここにCDプレーヤーや携帯電話の工場を稼働させていた。ジスカールデスタン元大統領の後押しを受けて、「メイド・イン・フランス」のソニー製品を売り出していたのだった。

その地で品田邦子は、ソニー本社の場当たり人事に呆れ果てていた。そして、人事に従わざるを得ない夫にも腹を立てている。

――どうして、私の人生が夫の会社に振り回されなければならないんだろう。私は会社の持ち物ではないんだ！

彼女の夫、品田哲《あきら》は、ソニーの名物エンジニアである。1981年入社で、主にカーエレクトロニクス（車載機器）分野の設計開発に携わり、100以上の特許を取得してきた。カーナビゲーションシステムに始まり、発光式道路鋲や道路鋲を用いた通信装置車両用通信システム、走行する車と車の間で、LEDライトを使って瞬間的に情報をやり取りする「車車間通信技術」など、彼の特許や実績は特許庁のホームページやネット上で今も異彩を放っている。

「アルザス工場に設計チームを作りたい。君が仕切ってくれ。3年は我慢してもらうよ」

彼が本社でそう言われたのは1998年6月のことである。

「ソニーアルザスMEデザインマネージャー」。それが新たに発令された肩書だった。

妻の邦子は早稲田大学法学部を卒業し、結婚後もカメラ雑誌の編集者として働いていたが、勤め先を辞めて夫とともに渡仏する。前年に北海道拓殖銀行や山一證券が経営破綻し、日本では金融不況下で失業者が急増していた。

ところが、赴任からわずか1年後、新たな担当事業部長は品田にこう告げた。

「事情が変わった。フランスの設計部隊は解消することになったんだ。君も帰国してくれ」

驚いたのは夫だけではない。邦子は「3年」という言葉を信じて、自分のキャリアを捨てていた。彼女は37歳になっている。いまさら元の職場に復帰できるわけがない。

しかも、彼女はアルザス工場から約60キロ離れたストラスブール大学に通って、フランス語の勉強を始めたばかりだ。将来のことも考え、フランス語教師の資格を得ようとしていたのだった。

——なにが世界のソニーよ。なんと計画性のない会社なんだ。

邦子は子供のころの体験を重ね合わせて、思わず歯を食いしばった。

彼女の父親は海上自衛隊の幹部である。1、2年ごとに任地を転じ、それにともない彼女も転校を繰り返した。小学校時代には、青森県むつ市、千葉県市川市、広島県呉市、千葉県市川市、神奈川県横須賀市と5回、中学校時代にも1回学校を替わっている。女優の故・田中好子に似て柔らかで整った顔立ちだが、その転校体験が勝ち気と自我を育て、彼女の心の芯に据わった。

転校生を待っているのは、教室に漂う違和感である。

——私は誰も知らないのに、みんなは私を知っている。

そんな空気だ。同級生の無視といじめがそれに続き、新しい学校に慣れたころにまた、父の転勤で振り出しに連れ戻される。そして次の小さな社会で友情のようなものをつかみかけると、父親が属する世界の都合で絆をあっさりと断ち切られるのだ。転校を繰り返すうちに、彼女は一人になることを恐れなくなった。友達を求めるから輪の外にいることが怖いのだ。

悪口を言われたら言い返す、理不尽には強気で立ち向かう――それが処世術になった。

だから、1年で帰国せよ、というソニー本社の指示に対し、彼女は夫にこう言った。

「私はここに残って勉強したいの。中途半端で帰りたくない」

心の中に、「ソニーは家族主義の会社じゃなかったの？」という不信感が募っている。

邦子の心の奥底には、「組織や会社の犠牲になるのはもうごめんだ」という気持ちがあった。その固い決意の前に、哲は単身で帰国する。「逆単身赴任」になってしまったのだった。

邦子はストラスブールに一人で下宿し、大学に通い続けた。彼女が帰国したのは、フランス語教師の資格を取得した半年後のことである。

こうした会社のやり方に怒っていたのは邦子だけではない。ソニーを支える妻たちは、会社の変質をはっきりと感じ取っていた。

実際に盛田はことあるごとに「社員は家族だ」と言い、米国の従業員たちにも「You are my family」と語りかけていたのだった。

「盛田さんや井深さんは『family』と言っていた。ソニーの社員は大家族だったはずだ」

そんな思いが妻たちにはある。ソニーは『Sony family』という名の社内季刊誌を社員宅に届けていた。

創業者が元気だった時代は、会社が肥大化するなかでも、家族主義を保ち続けようとはしていたのだ。それを物語るエピソードがある。

ソニーの元秘書室長・村山浩は小学生のランドセルを巡って、井深が顔を真っ赤にして怒ったところを見た。

ソニーでは、就学する社員の子供にランドセルをプレゼントしている。ところが、だんだんと社員数が増え、学校によっては指定ランドセルがあったりして、贈呈作業が面倒になってきた。ある時、人事部長が「来年からは贈呈をやめたい」と役員会に提案した。

すると、井深が烈火のごとく怒りだした。

「それでも、君は人事部長なのか！　そんなこと言うような人事部長は、くだらん！」

その怒り方が尋常ではなく、役員たちは初めて見る鬼のような形相に度肝を抜かれた。

「社員の子供が小学校に入る時に、ランドセルの一つも贈れないような会社でどうするんだ！」

それ以来、この話はタブーになってしまった。その年も井深は社員の子供を本社に集めて、午後1時ぐらいからランドセルの贈呈式を始めた。村山が言う。

「それから子供たちに父親の職場を見せ、午後4時になると、旦那も家族と一緒に帰ってよろしい、となりましたよ。それで仲良く帰っていった。井深は怒ると何も言わなくなるような人だったが、あの時は怖かったなあ。盛田会長もはっきりしていて、『会社で事業をやるからには、それに関係するすべての人が幸せでなければいけない。それが自分の経営理念だ』と言っていましたよ」

話を戻そう。

品田邦子がアルザスに移住したころ、ソニー海外営業本部の社内報『海営ＮＥＷＳ

『"The Top-notch"』に、〈確かに私は怒っていました〉で始まる一文を寄せたソニー駐在員の妻がいた。冒頭で居酒屋「目黒川」の常連として登場した斎藤博司の妻である。The Top-notchとは一流、最高という意味だ。

〈出張駐在員の妻の怒りの告白レポート〉と題する彼女のコラムは、〈怒っていました〉の後、こう続いている。

〈「来年は出張を少なくするよ」。新しい国に行く度に、(私達は、キプロスに2年、チュニジアに2年、そして現在UAEのドバイに移り、すでに1年が過ぎました)「今度駐在するところは、出張が少ないからさ」という、夫の言葉を信じて「どこの国に住んでもいいわよ」と、海外営業の妻の鑑の発言をしてきた私でした。しかし、キプロスからチュニジアに移った(現地間異動)際も状況は変わりませんでした。

夫の言葉とは裏腹に、月のスケジュールを書き込んであるカレンダーを見るとほとんどが出張で青く塗りつぶしてあるではありませんか。

「なにこれー。げぇーっ」(すいません。汚い言葉を使って)残された方は、寂しいし、悲しいし。それで、夫が家に帰ってくると、怒りが爆発! もう大変。

「どうしていつも居ないの? 私が一緒にこの国にいる意味は何?」

「うるさいな。仕事なんだから、しょうがねぇだろう。誰のお陰でここにいると思ってんだ」

「何よ。誰も好きでこんな国に居たくはないわよ。もう日本へ帰るから、飛行機代頂戴よ」

「じゃー、さっさと帰れ！」

こんな内容の口喧嘩が何度となくありました〉

「駐在」は名ばかりで、世界中を追い立てられる斎藤たち。「出張駐在員」と呼ばれ、その妻は、当時ヒットした映画『極道の妻《おんな》たち』をもじって、「ご苦労の妻たち」と言われていた。

斎藤の同僚はドバイ駐在の外国人であった。その妻はこの社内報の欄に次のように記している。旅から旅へとソニー商品を売り歩く夫への、熱烈で哀しいラブレターである。

〈Goodness gracious, me, oh my！ 私の主人は毎日旅をしている。36キロ離れているジェベルアリへ。悪夢の高速道路を考えるとどきどきになる。

Goodness gracious, me, oh my！ いつも「行ってきます」と言われている。彼はバハレーン、イエメンへ飛んでいる。彼はカタール、オマーンへ飛んでいる。

Goodness gracious, me, oh my！ 私はさびしい、私はShy。彼に「早く戻って

ちょうだい」と言えない。「私はそんなに強くない」と知らせたい。Goodness gracious, me, oh my！　ＰＯＰ、セミナー、今度はハワイ。できることなら飛んで行きたい。「行ってきます」と言われても彼を捕まえたい……〉

「主人がいない生活は当たり前。他の人もそうなのだから」と斎藤夫人も自分に言い聞かせた。しかし、彼女はコラムの末尾にこう記している。

〈ところが、だんだんと、「これはおかしいぞ」と気づき始めたのです〉

過労とストレスに追い詰められた斎藤が倒れるのはそれから4年後だ。そして、リストラ部屋行きを勧められる。

この結末からみても、妻の方が夫よりも冷静に自分たちの生活や人生を見つめていたことがわかる。彼女たちは人間を使い捨てにし始めた会社に強い疑問を感じ始めていたのだ。

4　幻の端末プロジェクト

品川区大崎のビルの11階に２００７年春、６人の社員が集められた。極秘のプロジェクトをスタートさせるというのである。

看板はない。他の職場の隅に６つの机を寄せ、そこに椅子を並べただけの仮住まいである。

集合した社員たちの所属はバラバラだった。カーオーディオやナビゲーション開発の車載機器事業部員、ＶＡＩＯ事業部の社員、プレイステーションに取り組んでいたソニー・コンピュータエンタテインメントの若手、研究職――といった具合だ。ただ一つだけ共通していることがある。

〈新規事業創出部門をスタートさせます。ついては、発想力のある若い社員を募ります〉

こんな社内募集を読んだ社員たちだったことだ。それはソニーのイントラネット「InterSony」に掲示されたもので、この社内募集に手を挙げたことが、やがて彼らの運命を変えていった。

社内募集については前にも触れた。「我こそは」と意欲を持つ社員は所属の上司に報告せずに直接、応募することができる。面接で責任者に認められれば新たな部署に移籍という運びとなるのだ。

ソニーらしい制度だが、難点が一つ。所属上司の頭越しの移籍だから、新たな部署が気に入らなかったからといって元の部署に戻ることはまずできない。前へと踏み出す決意が求められる社内転職ではある。

「この部署はスクラッチスタートです」

4月1日、初めて顔を合わせた執行役員は6人に向かって、独特のソニー語で言い渡した。プロジェクトチームの責任者だった。

「何をやるのかも自分たちで考えださなければならない。今までにない新たな事業を見つけること、それもこの部署のミッションです」

英語で「start from scratch」と言うと、裸一貫でゼロから始める、という意味だ。今ではTOEIC（トーイック＝Test of English for International Communication）の成績が昇進にも響くソニーでは、「ソニー語」と呼ばれるカタカナ言葉が好まれ、「ゼロスタート」も、「スクラッチスタート」と言う。その言葉には、「ゼロの状態から後戻りすることは許されない」という意味が込められていた。

執行役員は毎日、定例のミーティングを開いて、6人を強く刺激した。

「2000年代に入って、ソニーは本当に新しいと言えるような事業を創り出せていない。君たちや異業種他社の力を結集して、世間があっと驚くような新規事業を生み出してほしい」

それを聞いていた小方《おがた》清史は当時39歳。６人のメンバーの中では上から２番目の年次である。車載機器事業部のエンジニアから転じて、新規事業創出部門の事業開発課ビジネスプロデューサーとなっていた。

彼は、自分たちこそが、じり貧状態のソニーの切り札になる、と意気込んでいた。

――ソニーは創業５年目の１９５０年には日本初のテープレコーダーを売り出し、60年には世界初のトランジスタテレビを発売した。70年代にはウォークマンがあった。80年代にはコンパクトディスクとハンディカムを送り出し、90年代はスタイリッシュなＶＡＩＯやプレイステーションを世に広めた。しかし、執行役員の言葉の通り、その後のソニーは「これだ」というものを出していない。俺たちは社内のベンチャー企業になるんだ。

考えてみれば、もともとソニーだって資本金19万円で出発したベンチャー企業なのだ。

小方は「ソニーのロゴの入った製品を世に出したい」と思って92年にソニーに入社している。その夢は、最初のコンピューター製造技術部門から車載機器事業部に移ってカーオーディオやカーナビを開発したことで叶えていた。

「次はこれまでに見たこともない新たな事業を創りたい」と、彼は強く念じていた。

ソニーは極秘プロジェクトがスタートする2ヵ月前の2007年2月、御殿山のソニー村の本社を、東京都港区港南に建設した高層ビル「Sony City」に移していた。ソニー村のビルに分散していた約6000人の社員たちを連れ、「村」から「City」へと移っていったのだった。

これを機に、「もう一度、世界のソニー、技術のソニーを目指す」とトップも意気込んでいた。スタート直後からプロジェクトのメンバーは毎週のように増えていった。

大崎にいたメンバーは仕事が終わると、JR大崎駅周辺の居酒屋に集まっていく。出身母体がバラバラだから話はインターネットからオーディオに飛び、ゲームや未来の車を熱く論じ、ブレインストーミングのように交錯してもつれ、新たな発想を誘発しあった。

その中から「通信料を低価格で固定した、インターネット専用のタブレット型端末を売り出そう」という方針が少しずつ固まっていった。

「きっと次世代無線通信の時代がきます。高速無線通信の時代ですよ。家庭向けのインターネット通信方式がISDNからADSLへと変わったときに、業界は大きく発展しましたよね。あのときのように、この次世代無線通信へと切り替わるタイミングが事業の参入機会なんです」

プロジェクトをリードする執行役員はそう言った。

次世代無線通信とは、「4G（Generation）」などと呼ばれている第4世代の高速通信規格を指している。「1G」、つまり第1世代は音声をアナログ電波で送信していたが、「2G」になるとデジタル方式に進化し、2000年代に入ると、NTTドコモの「FOMA」のような「3G」のサービスが始まり、その後継の「4G」がやがて登場すると予測されていた。

そして、その予測や期待が、小方の働く支えになっていた。

――インターネットで大量の写真や情報をサクサク送る時代がすぐにやってくる。だが、すでに誰もが携帯電話を持ち、ドコモなどに通信料を払っている。ここでソニーが新型のタブレット型端末を売り出しても、新たに通信料がかかるのであればそれは簡単に普及しないのではないか。だから自分たちが開発するインターネット端末は通信料が無料に近い安さでなければならない。ソニー単独で開発するという方針を捨て、コンテンツやサービス、インフラを得意とする異業種他社の力を借りれば、それはきっと夢ではない。

新型端末は二つ折りの財布サイズにして、搭載するOSには、グーグルが開発したアンドロイドを搭載する方向に決まっていった。

この事業の最大の特徴は「売ってそれで終わり」という商品にしないということである。彼らは「売り切り商品にはしない」と表現して、それをプロジェクトの柱に据えた。

従来の携帯電話メーカーは製品を販売したところで商売は終わっていた。

これに対し、例えばプリンターメーカーの場合は、赤字ぎりぎりでも本体製品を売り、いったん囲った客に純正インクを販売し続けることで利益を回収する戦略を取っている。ソニーでも、プレイステーションはゲーム機本体を売った後、数多くのゲームソフトを使わせ、新たなビジネスにつなげている。永続利益型の商品だ。そのように、販売した新端末の上で次々に利益が生まれる事業にする、ということだった。

夢が膨らみ、提携する企業の数が増えるにつれてプロジェクトチームのメンバーは急増していく。毎週1、2人ずつ増え、やがて150人もの大所帯となってワーキンググループの数も増えた。そのつなぎ役でもあった小方は社員の熱気と会社の期待を強く感じていた。

それまでにも新規事業を模索したことはあったのだ。既存ビジネスに行き詰まりが見えると、ソニーは新しいことに手を出してきたのである。それを評論家の大宅壮一に、「ソニーは業界のモルモット」と揶揄されたこともあった。

極秘プロジェクトの6年前。2001年にソニーはトヨタ自動車と共同で、ITコンセプトカー「pod」を開発したことがある。

podはソニーとトヨタという異文化の企業が合作した最初で最後の車だ。ドライバーの感情をキャッチする先駆的な試作車だった。その年の東京モーターショーで「執事カー」として話題を集めたことから、翌2002年のシカゴやジュネーブのモーターショーにも登場した。

その責任者が小方の先輩にあたる品田哲だった。小方が車載機器事業部にいたころ、品田には直接指導を受けていたのだ。

その品田は、既に紹介した品田邦子の夫で、フランスのソニーアルザス工場から引き揚げた後、NB（ニュービジネス）部長に就いていた。彼は各地のモーターショーの舞台に立ち、蝶ネクタイ姿でpodを紹介した。

pod開発から2年後、当時のトップだった出井はリストラを断行する一方で、「モノ作り」復活を掲げてクオリア（QUALIA）プロジェクトを発表している。

トップもビジネスの行き詰まりを痛感していたのだ。

クオリアプロジェクトは、「極限まで造りにこだわった最高級ブランドのAV機器を提供する」という触れこみで、トヨタで言えば高級車「レクサス」の開発プロジェクトのようなものだ。新規ビジネスや開発のアイデアに溢れたエンジニアが集められた。品田もその一人で、新たなクルマ関連ビジネスの創出を求められたのだった。

この後、社内では「ALE（Active Life Electronics）」と呼ばれるプロジェクトが進行した。健康・医療や車関連の新製品、ロボット、二輪走行モビリティー（移動機器）などの分野でニュービジネスを創生する企画だったが、出井が2005年に最高顧問に退き、実権を失うとプロジェクトそのものが雲散霧消してしまった。

「あれはソニーのもがきの象徴だった」と品田は思う。小方の極秘プロジェクトは、その先輩たちが超えることのできなかった新規事業の壁を破るものでもあった。

ところが、小方たちの新型端末の試作品が完成し、通信事業者を始めとする企業と提携話が決まっても、役員会から最終的なゴーサインは出なかった。

乾坤一擲《けんこんいってき》のプロジェクトなのに、あるいはそれゆえに、リスクを取って決断するトップがいなかったのである。

「上層部を説得するのに時間がかかって仕方ないんだ」

歴史を創ろうという宣言から3年目、本社から戻ってきた新規事業創出部門の幹部が吐息をつくように漏らした。

別の日、この幹部は提携先の企業から皮肉を言われたという。

「ソニーさんは時間がかかりますねえ」

それは小方が役員たちに問いただしたかった言葉でもあった。

アップルやサムスンといったライバルもまた、端末の開発を急ピッチで進めていることは予想できる。それに協業パートナーは必ずしもソニーと運命を共にしなくてもいいのだ。米国や韓国に行けば提携先は見つかるのだった。

――ハワード・ストリンガー会長はこの事業を認めたと聞いていたのに、どうしたことだろう。

誰もが焦りを感じ始めていた。

2010年1月27日、衝撃的なニュースがアメリカから入ってくる。ソニー首脳がぐずぐずと決断を先送りしているうちに、最大のライバルであるアップルがタブレット型コンピューター「iPad」を販売する、とサンフランシスコで開かれた製品発表会で発表したのだった。

ソニー社内は大騒ぎになった。iPadは4月に米国で販売が始まると、初日に30万台を売り、ダウンロードされたiPadアプリは100万本を数えた。すると、ソニーはこれまでの方針をあっさりと捨て、あわててiPadの二番煎じのようなタブレットを売り出すことになった。

方針転換後の2010年7月、「VAIO & Mobile事業本部」が創設され、新規事業創出部門はそのタブレットチームと統合された。会社の希望の星だったチームは、一転してリストラの対象になったのだった。

そして、iPadから遅れること1年、それはアンドロイドを搭載した「ソニー・タブレット」としてシリーズ化されたが、売れ行きは芳しくなかった。

その後、小方らのメンバーは全員、上司と人事部担当者の個別面談を受けている。面談の内容は次のようなものだった。

「これからの道は3つある。1つはこのまま残留する道、2番目は社内募集か、知人を通じて別な部署に移る。そして、3番目は早期退職プログラムを選ぶ道だ。ただし、残留してついていこうとする場合は、相当厳しいハードルを越えなければならない」

面談が終わって、小方の同僚がこんな言葉を漏らした。

「どれも嫌だったら、俺たちもキャリ開《かい》（キャリア開発室）に送られるんだねえ」

リストラ部屋行きということである。小方は迷い始めた。

――会社に残るにしても相当の努力が必要だ。だが自分に残された人生の時間は多くはない。会社に残る努力のために時間を使っていていいのか。一度の人生だ、独立に向けて努力するのもありだろう。やらずの後悔より、やっての後悔を選択する方法だってあるだろう。でも、9歳と3歳の子供がいるし、妻はいま辞めると困ると言っている……。

小方は同僚やOBに相談した。しかし、決まってこう告げられた。

「結局、会社に残った方がいいんじゃないの」

それで、悩める飲み会はチャンチャンとお開きになる。

転機となったのは、高校時代の同級生に相談した時のことだった。

「会社に残るか、辞めるか、どっちに導いてほしいの？」

彼は事業で成功している。会うたびに小方は「機会があれば独立したい」と打ち明けていた。だが、やんわりと彼は言った。

「お前は不安だから俺に相談してきたんだろうけど、誰だって将来、どうなるかわからないんだよ」

「…………」

「なんでお前はそんなに焦ってるの。これから何をやるのか、焦る前にまずは決心しなよ、辞めるなら辞めるって。自分の中に確たるものを持ってなければ、誰もお前を助けられないんだよ。逆にさ、自分の中にそんなものを固めれば周りは助けてくれるもんだ。自分自身が不安だったら、家族だって不安になってついてこれないよ」

2013年2月14日。早期退職の応募締め切りが月末に迫っていた。翌日、帰宅すると、妻の真紀に切り出した。

「俺は辞めて起業しようと思う。苦労をかけるかもしれないが、ついてきてくれないか」

「いいんじゃないの」

妻はあっさりと言った。

「肝を据えて聞いてくれ」という夫の言葉に胸を衝かれたのだった。

彼女は5つ年下で職場結婚である。もう、かつてのソニーではないことを知っていた。

「私も働けるし、ね」

その言葉に小方は胸が熱くなって、しばらく顔を上げることができなかった。

小方は「Ks Support」代表の名刺を持って起業の道を歩もうとしている。収入はまだ安定していない。不安が胸を浸すたびに彼は、同級生から言われた言葉を思い出してみる。

「自分を信じることだ。なあに、『never too late』だよ。遅すぎることなんかない」

第2章

ターニング・ポイント

1946－2007

1　2人のカリスマ

最初に倒れたのは、13歳年上の井深大《まさる》である。

1992年4月、脳梗塞を発症し、言葉も不自由になってしまった。リハビリのさなかにも心筋梗塞を患って、3週間ほど意識がなかったという。

翌年11月30日、今度はもう一人の創業者である盛田昭夫も脳卒中で倒れてしまう。井深の意識が戻った時、「盛田さんが倒れたことは内緒にしよう」と井深の秘書や家族は話し合った。

2人のソニー創業者は兄弟のように仲が良い。だから、それを井深に知らせたら大変なショックを受けるだろうと考えたのだった。この時、井深はソニーの名誉会長。盛田は会長である。

井深家には当時、倉田裕子ら2人の女性秘書が定期的に通っていた。ソニーに届いた手紙や書類などを届け、報告もしている。彼女たちは井深に気づかれないように、新聞や雑誌もくまなくチェックした。盛田の記事を見つけると全部外した。まだ病気で体も不自由だったから1ページぐらい抜けていてもわからなかったのだ。

盛田の妻・良子はしばしば井深のところに見舞いに来ていたが、話を合わせてくれた。

「盛田は風邪を引いちゃって。うつすといけないから今日は来ないの」

「主人はちょっと出張しています。ごめんなさい」

ごまかす日々が続いた。

ところが、3ヵ月ほどして経団連の人事関連記事が掲載された。日本経済新聞か、朝日新聞だったか、「副会長の盛田氏が経団連の新会長候補だったのに、病気でその話が消えた」という趣旨の小さな記事だった。目を皿のようにして確認していたのだが、その日に限ってうっかり見落としたのだ。

その記事に井深が気づいた。秘書は言葉をなくした。

井深が新聞のそこだけをじっと見ているのだ。

「本当にお兄ちゃんが好きで好きでしようがない弟と、はにかみ屋のお兄ちゃんのようでしたね」と倉田は言う。

この会社の不思議なところは、ともに勲一等旭日大綬章を受章した2人のカリスマが社内で並び立ったことである。それは、世人とは少し異なる2人の育ちや演じた役割に深くかかわりがある。

井深は旧古河鉱業のエンジニアの長男として1908（明治41）年、栃木県上都賀郡日光町（現・日光市）の社宅で生まれている。

父の甫《たすく》は札幌中学時代に新渡戸稲造のもとに出入りしたキリスト教信者でもあったが、井深が3歳の時に亡くなり、それからは母と祖父の基《もとい》に育てられた。

祖父は旧会津藩の名門「会津門閥九家」の一つ、井深家の出身である。幕末の会津戦争では朱雀《すざく》隊に加わって官軍と死闘を繰り広げ、銃弾が股間を貫通するという重傷を負った。会津を追われると陸奥《むつ》国・斗南《となみ》藩士として現在の青森県むつ市に移り、そこから北海道へ渡る。さらに愛知県庁に転じて商工課長や郡長（地方行政機関の長）などを歴任する数奇な軌跡を辿っている。

その祖父は折に触れ、亡くなった甫がいかに科学的であったかを語って聞かせたという。大は機械いじりや無線が大好きだったが、その科学に対する興味と敢闘精神は、この祖父の薫陶と父を偲ぶなかから育まれていった。決して裕福とはいえなかったが、父親が残した資金もあり、何とか第一早稲田高等学院理科から早稲田大学理工学部電気工学科に進んでいる。

一方の盛田は、名古屋市近郊の小鈴谷（常滑市）の名門・盛田家の15代目として生まれた。300年以上も続く造り酒屋で、跡取りとして父の久左エ門から厳しく躾《しつ》けられている。

盛田家はトヨタ自動車の豊田家よりも格上の資産家と見られており、昭夫は幼いころから自動車や蓄音機など海外の先進文化を物語る品々に囲まれて育った。

井深同様に機械いじりが好きで、物理が得意な昭夫は旧制第八高校から大阪帝国大学（現在の大阪大学）理学部物理学科に進んでいる。

2人が知り合ったのは、太平洋戦争のさなかに開かれた戦時科学技術研究会の席である。井深は艦船の熱を探知して爆弾を敵艦に命中させる熱線誘導兵器を研究していた。一方の盛田は、海軍技術中尉に任官したばかりだった。

終戦の翌年、焼け野原の中で2人は東京通信工業を起こし、モノ作りへのスタートを切る。1946年5月7日。井深が38歳、盛田は25歳。頼るものは自分たちの技術だけだった。2人ともに技術者なのである。

創業から5年目の1950（昭和25）年、苦労の末に日本初のテープレコーダー「G型」を発売したことが、2人の生涯の役割を決める。

テープレコーダーを開発した時には手を取ってうれし泣きに泣いた。ところがこれが全く売れなかった。値段が高すぎたうえに馬鹿でかく、重さが35キロもあったからだ。

改良作業と販路確保に日を過ごす一方で、盛田はこんな考えに至る。

〈売るためには、買い手にその商品の価値をわからせなければならない。やっとそういう結論に到達したとき、私は、自分がこの小企業のセールスマンの役割を果たさなければならないと考えた。私が販売のほうを受け持っても、幸い革新的な製品の設計と開発に全精力を傾けてくれる井深氏という天才がいる〉（『MADE IN JAPAN わが体験的国際戦略』）

軽量化したテープレコーダー「H型」は、今度は盛田の手で飛ぶように売れた。

これが「やれば何でもできるんだ」という自信と、5年後の、これまた日本初のトランジスタラジオ「TR－55」発売につながっていく。まさに、飛躍の跳躍台となった。

井深が創り、盛田が売る――というソニーの神話はここから始まっている。

二十数人で始まった町工場は創立10周年時には社員数483人、その5年後には3703人にまで成長した。創立60周年になると、グループ社員は世界で15万人にも達する。

これだけの巨大企業になると、絶対権力が一人のもとに傾くものだが、ソニーでは一対の「神様」が開発と販売に棲み分けて権力を分け合った。そばで見ていた者たちは、年下の盛田が半歩ほど引いて、人事に無頓着な井深の泥をかぶっていたと証言する。

井深はすぐに人を好きになり、情の人と言われた。だが、彼の関心はその人物が仕事に役に立つかどうかということに向いている。気にいった人間を銀行などから引っ張っても、ポジションにふさわしくないと思うと、「あの人は諦めた」とか「あの人どけて」といってあっさり切ってしまった。ネガティブな言葉は言いたくないので、「やっぱし、うちの社風に合わなかったから、悪いけど返してきて」

そうすると、盛田が頭を下げに行った。

「そんな井深を恨みに思う人もいたでしょう」と周囲は言う。

井深が20年間務めた社長の座を盛田に譲ったのは1971年のことだ。井深は代表取締役会長に就く。それは三井銀行社長だった小山五郎に、「そろそろ譲ってはどうか」と言われたからだと伝えられている。三井はソニーのメインバンクで、小山は金融界の長老として畏怖され、ソニーの社外役員も務めている。

「井深さんはずっと盛田さんを自分と対等だと思っていましたから、2人の肩書の差に思い及ばなかったんでしょうね。たぶん、社長が2人いると思っていた。給料も同じくらいで、あまり高くはありませんでした」

と倉田は語る。外から見える違いは2人が使う社用車くらいだった。井深はリンカーンに乗り、盛田はベンツを使った。当時の最高級車は、元米国大統領の名前を冠したリンカーンで、盛田は気を遣ってドイツ車にしていたという。

倉田の記憶の中では、井深と盛田はいつも一緒にいた。

「昔は役員食堂があって、2人はご飯を食べながらおしゃべりするわけですよ。役員食堂がなくなっても、どちらかの部屋で一緒に食べてました。2人の部屋は内ドアで通じていて、表側に両方の秘書がいて電話をつなごうと思うと、ボスはドアをすり抜けて隣の部屋にいることがよくありました。激論もされていましたよ。それは2人だけで解決されていました」

ある幹部が盛田の告げ口をし始めたことがあった。すると、井深は素っ気なく新聞を読み始めた。倉田はその姿をよく覚えている。

「耳がふさがっちゃうというか、面倒くさいのです。自分の関心があるものについてだけ一生懸命やりたい人でした。盛田さんもよく説明していましたし、『あんたがそう思ってるなら、やってみればいいんじゃない』という考えでしたから。

社名を東京通信工業からソニーに変更するときも、そうだったようです。『盛田君はよくものを見てるから正しいだろう。まあ、駄目だったらまたやり直せばいいじゃないかと思ってね』と言っていました。井深さんには『駄目だったらどうしよう』はないんです」

不仲の情報を流されると2人は喜んでいた。例えば、新年の賀詞交歓会に2人で出席する。その直前まで2人でいたのに、賀詞交歓会の後のスケジュールが別々だったとすると、「さあ、出るか」と別々の車で出る。

「それで会場に行って『やあ、しばらく』とわざと周囲に聞こえるように言うんですよ。さっきまでぺちゃくちゃとやってたくせに。新聞社の経済部や雑誌の人がそれを聞いて、『久し振りで顔を合わせた』とか、『仲が悪いようだ』と書いてくれると、思うつぼだと喜んでましたね。『また騙されたな』って。いたずら好きですよ」

そんな2人の別れは、1997年12月19日にやってくる。

井深が89歳で亡くなったのだ。

そのころ、盛田はハワイで療養中だった。今度はこの事実を夫にどう知らせるべきか、と盛田良子が悩んだ。そして、井深逝去のニュースを聞かせまいと、ラジオやテレビ、新聞を届かないところに置いた。

東京での密葬が3日後に終わった。一人で帰国して別れを告げた彼女はハワイに戻り、翌日、車いすの盛田を庭に誘い出した。

晴れ渡った日だ。大きく空気を吸ってさりげなく声を掛けた。

「井深さんはとうとう遠くに行ってしまわれましたよ」

盛田はじっと妻の顔を見つめたまま、急に「うぁー」と言って大粒の涙を流した。そして下を向き、「あーあー」と声にならない声をあげた。

彼女は盛田に代わって井深への追悼のメッセージを出している。

「これでよかったでしょうか。よかったら手を握ってください」

と告げた。盛田はすぐに手をぎゅっと握り返して顔を上げた。

青い空に白い雲が浮かんでいる。その雲を見つめて、盛田は涙を流していた。

井深が亡くなったのは、夜明け前のことだった。

御殿山のソニー村にもそのニュースが流れ、会社を早退する者が現れた。例えば、本社生産技術課では、井深の死に衝撃を受けた40歳代後半の係長がいつの間にか姿を消していた。「早退した」という。

打ちひしがれた様子が尋常ではなく、同僚たちは係長の机のまわりでささやき合った。

「自殺するんじゃないの」

「大丈夫かなあ。ただ事じゃなかったよ」

翌日、彼は休みを取った。

井深の密葬はソニー村の高台にある、御殿山のキリスト品川教会で営まれた。彼の棺を乗せた車が本社の前を通り抜けた。くだんの早退した係長はなかなか立ち直ることができず、職場の飲み会の席で、「井深さーん！」と号泣した。

彼の部下もショックのあまり、終日、魂を抜かれたようにボーッとしていた。退社時に様子が変なので、心配した同僚がその後に携帯電話に何度も電話したが、応答はなかった。職場では本気で「殉死」を懸念した。

井深の残像は社内に長い間、消えなかった。倒れた後も、彼は車いすで人前に出るように努めていた。「『すいませんねえ』と言いながら、そんな姿をさらすのは嫌だったと思いますよ。でも、そこに行ってあげれば皆が喜ぶって知っていましたからね」と元役員が語る。

社員のスターだったのだ。

ソニー創業35周年の記念フェアに井深がやって来たことがある。会場の品川プリンスホテルのホールには、一世を風靡したポータブルビデオレコーダーなどソニー製品が陳列してあった。井深はその入場口に座り、来場者と次々に握手をした。それを見たレコーダーの説明担当者までがその握手の列に並び、社員たちが我も我もという騒ぎとなった。

あるエンジニアは2回並び、2回握手してもらった。彼は大学の後輩にこう吹聴して回った。

「ソニーは技術者の楽園だぞ。サラリーマンをやるならソニーに来い」

井深が係長以上の社員に配った内部文書が残されている。「適材適所の人事について」と題するその文書に、次のような一節がある。

〈一人一人の人間を正しく評価するにはその人の能力だけでなく、深い愛情をもってその人と交わり、その人柄まで十分理解しなければ、できることではない〉

一方の盛田――。あるソニー幹部は、海外赴任人事を巡って、会長だった盛田が担当役員を叱り飛ばしていたところに出くわした。

「君は社員の人生をどう考えているんだ！」

それは、前述した品田哲《あきら》に対する人事発令のように、1年足らずで欧州から米国へと社員を動かそうという人事案件に対する怒りだった。

「家族もいるんだぞ。子供の学校だってあるだろう。第一、こんなに短い期間に動かすなんて本人のためにならないよ」

結局、朝令暮改の人事を撤回させた。

盛田の本質は商人である。造り酒屋の15代目として生まれ、人はその土地、その国に根付かなければ信用を得られないことを知っていた。目先の人事や酷使は人を使い捨てにするばかりで、結局、会社のためにもならないのだ。

盛田が亡くなったあと、ソニーロジスティックス社長だった水嶋康雅が、社内季刊誌『Sony family』に、〈密かに辞表を破り捨てた日〉という小文を書いている。

〈世の中自分の努力や能力を越えた運・不運があるのは言うまでもないが、なかでもサラリーマンにとって最悪なのは、相性の悪い粘着質で性悪な上司のもとで仕事をせざるを得ないことであろう。人間の尊厳に係わり、それも家族をも巻き込むいじめにあえば、退職せざるを得ないことになる〉

その体験は30歳に満たないころの話だ。水嶋はドイツに派遣される。ソニーは独、英、仏で輸入代理店との契約を打ち切り、小売店に製品を直接卸すソニー自前の現地法人を国ごとに設立しようとしていた。

そのころ彼は日本の上司と対立する。現地法人設立のメドがついたある日、水嶋は辞表を書き、英国出張中の盛田に電話を入れた。盛田は不在であったが、翌朝、その盛田から電話がかかってきた。

水嶋の文章はこう続く。

〈盛田さんは、私の入社時の採用面接官であり、その上、ドイツ現法設立の真のプロモーターでもある。いきなり辞表を送りつけ、断りもなく勝手に帰国するわけにはいかない。電話を取り上げると、いつもの早口とは違って、ゆっくりと、しかもしみじみとした口調での第一声が『君も苦労しているようだな』であった。その後30分に及ぶ時間、ほとんど一方的にお話を戴くことになり、辞表を書いたとも言えず、私は辞めたいという隙さえなく、これまた一方的に電話を切られてしまったのである。結論から言えば、その日密かに辞表を破り捨てたまま、その後30年余、たいていのことには驚かなくなった〉

盛田は、「個人としては最も電電公社（現在のNTT）に貢献した」と言われるような電話魔だった。朝から、「おい、起きているかい」とあちこちに電話をかけまくる。

その受話機を握りしめて水嶋にこう諭《さと》したという。

「多くの人は、私が社長になるべくしてなったと思っているようだが、そうじゃないよ。私が家族と共にアメリカに渡り、60年代のはじめに帰国すると、『アメリカに赤字をつくりに行ったのか』と社内で言われたんだ。大変口惜しい思いをしたことがある。

外貨所有と持ち出しに制限のある当時、一日当たり17ドルしかない割り当てを受けて、私たちは時に昼食を抜き、時にはコーラとパンで過ごしてはドルを貯めたんだ。そうした金を使ってパーティーを開いたりしてアメリカで人脈を作った。市場開拓と基礎固めに血のにじむ努力をしていたよ。君ならわかるだろう」

そして、盛田は欧州市場で道を開くことの重要さを力説した。

トップの電話に水嶋は奮起した。ソニー・ドイツの初代社長に就任し、急激に売り上げを伸ばした。彼はやがて本社の上席常務に就いている。

井深と盛田の時代は、戦後復興を遂げた日本が高度成長の上り坂を越えていったころだ。御殿山の、ソニー本社の見える坂道は、世界へとつながっていた。坂の上の雲は輝いていたのだろう。

「あのころは残業も楽しかった」という社員は多い。

午後8時になると、会社の冷房が切れる。東京・芝浦にあったソニー工場の夏は暑くてしかたないので、自分用の小型扇風機を作るエンジニアが続出した。

工場には「ジャンク」と呼ばれるガラクタや部品が転がっている。新入社員が先輩から最初に教えられるのは、ジャンクの大事さだったり、他の部署のごみ箱、つまり「ジャンク箱」のありかだったりする。それは使い方によっては宝の山だ。そこから拾ったものでいろいろなものを製作するのだ。

午後9時過ぎ、短パン、Tシャツに着替えた若手社員がハンダごてを握っていると、部長が覗きに来て、「どうだ?」と声を掛ける。

「なんだ、扇風機を作っているのか」

「暑いですから」

「それなら、首を振るやつじゃないとだめだ。風も強さが変えられるものにな。ソニーらしいものを作れ」

「はい!」

仮眠室があったが、段ボールを敷いてそのまま床に寝る社員も少なくなかった。朝、女性社員が出勤すると、机の下から仮眠中の社員の足がニョキニョキと何本も生えている。

ゼネラル・オーディオ部門では、徹夜残業を前提にバミューダパンツとTシャツで出勤したり、一日中、雪駄履きで製図台に向かったりする社員がいた。製図台の林のなかにいると、エンジニアの姿格好は隠れてしまうのである。

遅刻してもどこか鷹揚であった。ソニーでは外出する際には「外出票」を残し、遅刻をすると、「遅刻届」に理由を書いて提出するよう求められていた。「電車遅れ」や「私用」と書くのが習わしだったが、長谷川憲夫というイガグリ頭のエンジニアは、「目覚ましでも妻起きず」と書いて出した。新規メカ設計を得意とし、ソニーのカーエレクトロニクス時代を支えたメカ屋である。自称「愛妻家」でもあり、「おお、かあちゃんと愛し合ってるかい？」と部下の肩をポンと叩いて回っていた。

その長谷川が「自分のせいではない、それは妻が悪い」と書いたのだから、遅刻理由は本当だろうと、社員には信じられた。

テープレコーダー事業部の元技術者は、「好きなように、何もかも忘れて仕事をした」と語る。彼は徹夜した翌日に帰宅し、妻からこう言われている。

「あのう、昨日は給料日じゃなかったでしょうか？」

給料袋が手渡しの時代だった。

「あっ、いけねえ。会社の引き出しの中にしまったままだ！　明日、持って帰るわ」

「明日は必ず帰ってきてくださいね。お願いします」

懐旧の中の妻は見合いでもらったばかりで、若く初々しかった。

エンジニアはこっそりと研究したり、試作したりしている「ブツ」を隠し持っていた。現場に来る井深か盛田にいきなり見せようと狙っている。上司たちも鷹揚で、そのブツが面白いものだったりすると、どこからか開発費を調達してきたり、あらかじめ隠し持っていた予算を与えたりした。それが有能な管理職の証しだった。

彼らの脳裏には、井深たちも自分らのように汗にまみれたエンジニアだったという記憶が刻まれている。

井深は無駄をとがめない技術者で、「一見、無駄に思えることも重なれば個性のようなものになるんだ」とか、「人ができないようなことをやりなさい」と、部長たちにはっぱをかけていた。指示が明確で、ダジャレも好きだった。

会議中、壁にかかった額が何かの拍子にずり落ちた。すかさず、そばにいた技術者が声を上げる。

「ガクゼンとしますね」

すると、井深や社員たちが一斉に、「うまい！」と言って大喜びした。

ソニーの社史に同社の人事管理の出発点が記されている。

〈「社員が仕事をすることに喜びを感じるような、楽しくて仕方がないような活気ある職場づくり」――これは、会社が大きくなっても、時代が変わっても、変わることのない原点だった〉

その言葉が実現されたソニーの時代が確かにあったのである。

2　リストラが始まった

創業者たちが第一線を退くのを待っていたかのように始まった〝事業〟がある。井深が亡くなるちょうど1年前、つまり96年12月にソニーでスタートした「セカンドキャリア支援」という名の希望退職者募集である。ソニーのリストラはここから始まっている。前述したように85年に発足した「能力開発センター」には、窓際族も社内で何とか抱えようという余裕が見える。しかし、「セカンドキャリア支援」になると、戦力外とされた社員の切り捨てという意味が鮮明になる。

外部にはわかりにくい言葉だが、その趣旨は、社員だけがアクセスできる企業内ネットワーク「InterSony」の中に網羅されている。この社内ネットワークの中に、「セカンドキャリア総合支援サイト」があるのだ。

このサイトは〈ソニーのキャリアを活かした新しいステージで〉という前書きに続いて、社員たちにこう訴えている。

〈多様な地域性とキャリアパスを持つソニーグループ。しかし、このフィールドがあなたのキャリアにとって最後のステージとは限らないでしょう。ソニーという場で培ったものを活かし、この場を「卒業」して、次の場をどのように模索していくか、そのヒントとなる情報をここに集めました。

あなたの今後の人生を描くキャンバスとして、ぜひ活用してください〉

サイトは、社員たちの早期退職を前向きな「卒業」と捉える。そして、「活き活きとした『ソニー卒業生』」のコーナーへと導いている。

〈ソニーという場を「卒業」する。そこにある決断、思いの変化、何を次のステージとしたのかなど、いろいろ聞いてみたいと思いませんか？

現在、活き活きと新しい人生を送っている方々のお話をまとめてみました〉

表現はどこまでも明るい。ソニーを辞めてコンサルタントやＰＣサポート会社経営に転身した者、アートギャラリー主宰者、ジャズピアニスト、整体師、フラワーアレンジメント……と様々な体験を積む転職成功者の声を取り上げている。

次にサイトは、「今後の人生を考えるためのお役立ちインフォメーション」に移る。

「Uターン、Iターン」「就農、田舎に住む」「企業・独立」「資格・留学」「海外生活」「セカンドライフその他」「社外求人情報」「適職診断」

そして、〈卒業後をイメージするにあたり、参考になる相談窓口、サイト、書類などの情報をまとめてみました。自分なりの人生を描く参考にしてください〉

――と、いうわけだ。

「つまり、早く会社を辞めたらどうか、ということですね。おためごかしだ」

と、古参の社員は言った。彼は入社式で盛田と井深の挨拶を同時に聞いた世代だ。

盛田は新入社員に毎年、こう語りかけていた。

「君たち、もしソニーに入ったことを後悔するようなことがあったら、すぐに会社を辞めなさい。人生は一度しかないんだ」

その言葉は人気企業に入って浮かれがちな若者たちを驚かせた。

「盛田さんは恰好よかったですね。そりゃあ、頑張ろうと思いますよ。ソニーは君たちを後悔させないぞ、君たちは後悔しないように生きなさいと聞こえました。一生を賭けて働く会社だと思いました」

そんな正社員たちが進んで辞めるわけがない。

このため、96年の初めての「セカンドキャリア支援」では、勤続10年・35歳以上の早期退職希望者に、最高で本給36ヵ月分の退職加算金が支払われた。98年になると、一般社員が対象だった支援制度は、管理職にまで広げられる。

ソニーのリストラがマスコミに取り上げられるのはその翌年のことだ。6代目社長に就いて5年目の出井《いでい》伸之が99年3月、大掛かりな経営機構改革を発表した。「価格競争で業績が悪化しているエレクトロニクス事業の収益を改善する」というのだ。そのために、2003年3月までに国内外に70ヵ所ある工場を55ヵ所に集約し、早期退職者を募る。そして、グループの従業員17万人の10％を削減して人件費を圧縮するというのである。

当時、リストラを断行したのはソニーだけではない。日本は97年に三洋証券や北海道拓殖銀行、山一證券が相次いで経営破綻し、長い不況のトンネルに入っていた。電機メーカーでも、NECが1万5000人の削減を発表していたが、ソニーの合理化案はこれを上回る合理化策であった。

こう書くと、ソニー全体が危機感に溢れていたような印象を受ける。だが、実際はそうではない。

出井自身が「90年代後半はソニーの独り勝ちだった。それを謳歌していた社員たちは甘く、危機意識は感じられなかった」という趣旨の証言をしている。しかし、甘かったのは、むしろ２０００年をまたいで前後10年間、経営のかじ取りをした出井とその後継者たちだった。

99年の経営機構改革は、後に「第1次構造改革」と呼ばれた。リストラはその前のセカンドキャリア支援から数えて、本書の冒頭で示した図表のように第2次、第３次と17年以上続き、２０１５年までに、ソニーでは6度も大規模な人員削減が行われている。そして数千人の社員たちがリストラ部屋に追い込まれていく。

それと知らずに泥沼に踏み出した一歩目に過ぎなかったのだ。

初のリストラを発表した翌２０００年、ソニー11号館に、「ソニーユニバーシティ(Sony University)」が設けられた。

それは一種の幹部候補生育成所で、出井の肝煎りだったことから、「出井塾」とも「ソニー塾」とも呼ばれた。担当役員が「次の時代はこういう人たちに任せたい」という中堅社員を選び、社長から会長兼ＣＥＯの座に就いた出井が経営哲学を語るというものだ。

出井は早稲田大学政治経済学部卒で、父親の盛之《せいし》は早大の経済学の教授だった。彼は話術が巧みで進取の気性に溢れているが、人の逆を行くという性格で、本人の弁では、「まだ吹けば飛ぶ小っちゃなベンチャー企業（ソニー）に、井深のコネで入った」のだった。井深の娘は出井の小学校時代の同級生である。

「井深っ子」を自称しながら、出井はこれまでのソニー経営者とは全く違うと公言していた。「私はソニーで創業者チームに属さない初めての『プロフェッショナル経営者』として経営を託された」というのだ。技術者集団の中で、「自分はもともと『カンパニーエコノミスト』を志して入社した」とも発言していた。

ソニーユニバーシティは、実はゼネラル・エレクトリック（GE）の最高経営責任者、ジャック・ウェルチが開いた企業内大学を真似たものだ。だが、「ビジネスを牽引するグローバルリーダーを育成する」という触れこみに群がって、マスコミは、新しいソニーを象徴する存在として華々しく喧伝していた。

それは2002年夏のことである。ソニーユニバーシティで講師役の出井が、松下電器産業（現・パナソニック）社長の中村邦夫について触れた。

松下は従業員27万人。売上高7兆円の超巨大企業だが、2002年3月期決算で4000億円を超える赤字を計上し、苦境のなかで復活を期していた。8月放映のNHKスペシャルでは、「苦悩する〝家電の巨人〟――松下電器 再生への模索」と題して、中村が抜本的な構造改革に取り組んでいる姿が紹介された。

中村は「破壊と創造」を宣言し、事業部制の廃止や1万3000人に及ぶ早期退職者の募集などを打ち出していた。それは改革の名の下に非情なリストラを含んでおり、短期間に業績を回復して、後に「V字回復」と評価される。

その後、松下は再び混迷の時代を迎えたから、V字回復と経済界や評論家の評価は一時的なものに過ぎなかったが、当時は「日本の製造業の勝ち抜きを賭けた試み」として、注目されていたことは事実だった。

この番組に、それまであまりマスコミに露出していなかった中村自身が登場した。そして、硬直化した松下という組織がいかにダメなのかを、自分の口で率直に語った。

その番組を見たのだろう、講師役の出井がユニバーシティの場でぽろりと漏らしてしまった。

「馬鹿じゃないの。（中村さんは）あんなこと言っちゃって」

トップは会社の問題点を馬鹿正直に漏らすべきではないと言うのだ。

「ワッハハハ」。話を聞いていた社員の中からどっと笑いが起きた。

当時の出井は、経営合理化を打ち出す一方で、2002年3月期決算で7兆6000億円に迫る過去最高の売り上げを記録し、飛ぶ鳥を落とす勢いである。

しかし、追従笑いのその輪の中に、笑っていない者がいた。笑えなかったのである。

——馬鹿なのはソニーの幹部たちじゃないのか？　笑っていていいのか。

それは言葉にしては出ていない。しかし、出井の言葉のなかに経営者の驕《おご》りを見出し、心のなかで、「うちは大丈夫か」とつぶやいた者がいたのである。

参加者の一人は、「硬直化した自分の会社を批判する中村の姿勢は素晴らしいと思っていた」と証言する。

「松下は家電の巨人でしたよ。それがトップ自らこんなに駄目だっていうことを公然と言うなんて、すごいですよ。覚悟が違う、と僕は思いました。それだけ背水の陣なんだというのがわかりましたよ。中村さんも今になっていろいろ批判はされるけど、赤字を垂れ流す松下を根底から百八十度改革した人でしたから。ソニーのトップはいい時にはマスコミに出たがるけど、本当の問題には触れませんでしたからね」

そして、出井が松下の中村を笑ったその翌年の２００３年４月、株式市場を揺るがす騒ぎが起きる。

ソニーの株価が２０００円台にまで暴落したのだ。「ソニーショック」と呼ばれた。

ソニーの株価は、ウォークマンを発売した１９７９年７月当時は８００円台に過ぎなかったが、プレイステーション（94年12月発売）や、平面ブラウン管テレビ「WEGA《ベガ》」（97年7月発売）などヒット商品を売り出すたびに急上昇し、出井の絶頂期には1万2290円を記録していたのだ。

ソニー株暴落の原因は、4月24日に発表した2003年3月期の営業利益が従来予想を1000億円も下回る1854億円に終わったためである。同時に発表した翌04年3月期業績予想も大幅な減益となるという見通しであった。

それは「ソニー神話」の崩壊を内外に告げるものとなった。

3　最高幹部の告白

鼻っ柱の強い出井の自慢の一つは、CEO兼会長在任時の2000年から7年連続で、ソニーが米国の「ベストブランド」ランキング1位に選ばれたことだった。

ランキングは米国調査会社のハリスポールが発表しているものである。彼は『迷いと決断』（新潮新書）を出版し、その前書きにこう記している。

〈（ちなみに2位以下にはデル・コンピュータ、コカ・コーラ、トヨタ、フォードなどなど、お馴染みの名前が挙がっています）。アメリカでのソニーのブランドイメー

いています〉

ジは日本以上に高く、アメリカを代表する「ハウスブランド」として完全に定着して

ところが、その一方で彼は2003年10月、「トランスフォーメーション（TR60）」と名付けた大規模な事業構造改革を発表せざるを得ない事態に陥っていた。

これは第2次の構造改革に当たり、ソニーグループ2万人（うち国内は7000人）の従業員を削減する内容を含んでいた。ソニーショックから半年後のことである。ITバブルも崩壊していた。

「TR60」を「第2次」と書いたのは、前述したように、出井が1999年からグループ1万7000人を削減する「構造改革」をすでに実施していたからだ。

この第2次改革は、首脳陣にとって1次よりもはるかに大きな意味を持っていた。改革の最終年となる2006年は、人間で言えば還暦にあたるソニー創立60周年の節目である。第2次構造改革を「トランスフォーメーション（大改革）」と名付けたのもそのためだ。

そのリストラ費用として計上した金額は実に3350億円に上った。

「あれは出井さんがネットワーク関連事業に飽きたのか、じり貧状態になりつつある時のことでしたね」

複数の元役員が泥沼の内幕について証言した。

大規模な首切りや経費削減を記者会見などで問われて、「10年後を見てほしい」と強気に出るのが出井流だ。しかし、ベストブランドを誇る裏で、ブランドの実態は少しずつ泡のようにはじけ、溶けていたのだった。

改革の一端を担った元最高幹部が語る。

「そのときに私たちが本格的な構造改革を担当しました。2003年です。『無理無駄を省き、何とか利益を出すような会社にしろ。そのシナリオを作れ』という出井さんの指示でした。構造改革を始めて3年間は経費の方がかかります。人的コストが半分、あとは工場をつぶす費用などで半分くらい。人の部分は社員を早期退職させると、2年目からはその分だけ雇わないから費用がかからなくなります。つまり1年目にガサッと損が出て、2、3年目に一時的な改革の効果が出る。最初にかかったコストは4年目ぐらいで元が取れます。それ以降は何もしなくても一応は利益体質になるはずでした」

構造改革といってもこの通り、シナリオは単純なものである。

リストラで浮いた金を使って成長戦略につなげていく。それが「事業構造改革」の大義名分だった。盛田が主張した「レイオフはしない」という理念に対する言い訳にもなる。成長戦略のない構造改革は、組織を細らせるだけだからだ。

元最高幹部の証言を続けよう。

「それは出井さんもわかっていました。2005年に出井さんの後を継いだハワード・ストリンガー会長や中鉢《ちゅうばち》良治社長とも『構造改革をやっている間に、ちゃんと次のビジネスを立ち上げてもらわないと、以前と同じですよ』という議論はしていたんです。しかし、組織が成長戦略を考えるのは難しい。構造改革は人を切りましょう、工場をつぶしましょう、と目に見えるから淡々とできます。だけど、成長戦略は先見の明がある人が強いリーダーシップを持ってやらないと動きません。それができなかった。実行力が何もなかった。どういう方向に引っ張っていくかが決められなかったんですね」

出井、ストリンガーというトップに実行力や覚悟がなかった、というのである。

当時の現場のリーダークラスにも同じような思いがある。

白水《はくすい》哲也は車載機器部門の事業部長だったころ、新規事業をやらせてほしい、と出井に直訴したことがあった。

「ぜひ、投資してコミットしてください。それが難しいなら、せめて上限を決めて開発させてください」

それまでソニーの車載機器部門はカーオーディオが主力商品だったが、白水は車載分野にはもっと多くのビジネスチャンスが眠っていると考えていた。リチウムイオン電池とCMOS（シーモス）カメラと呼ばれる技術の2つを車載に取り入れることで、「1兆円規模の商売になったはずだ」と白水は断言する。

リチウムイオン電池はソニーが91年に世界で初めて商品化したもので、高出力で長寿命、しかも飛躍的な軽量化が図れる。車のバッテリーに使うことも可能で、現にパナソニックなどの車載部門ではリチウムイオン電池に着目して、これをビジネスの柱の一つとして育てている。

一方、CMOSはデジタルカメラやビデオカメラに使われる半導体撮像素子だ。人間の目で言えば網膜に相当し、今では多くのスマートフォンやデジタルカメラに搭載されている。ソニーはこのCMOSをデジタルカメラのイメージセンサーに使って成功し、iPhone搭載のカメラなど高付加価値商品ではシェア世界一を誇っている。

「ソニーはすごい宝を持ってるわけです。今や車に搭載するカメラは一つや二つじゃない。サイドミラーに付けたり、後ろを見るカメラがあったり、車一台でいくつものカメラをつけたりする。これにCMOSの技術を使うということです」

これら2つの技術は別部門で開発が進められていたが、ソニーが発展させた技術であることは間違いがない。その宝を車載部門で活かせないことに白水は苛立ちを感じていた。

だが、白水の直訴に出井は「YES」とも「NO」とも言わなかった。「事業本部長らの了解を取り付けろ」というのだ。その本部長に先見性がないから白水は社長に直談判に来たのに、出井は大きな決断ができなかった。

CEOが出井からストリンガーに移った後、白水は経営会議で自動車電装品会社とのジョイントベンチャーを提案する。リチウムイオン電池とCMOSイメージセンサーを応用するためには、実際に車に組み込む技術が必要だが、ソニーにはその分野のノウハウがない。だから合弁会社を作ろうというのである。

「一度は経営会議を通ったんです」というそのジョイントベンチャーは、資本比率の問題で結局は立ち消えとなった。

——あれがうまくいってればソニーは先行して大きな資産を持てたのに。

悔しさを抱えたまま、白水は2007年、ソニーと電通で設立した総合広告会社「フロンテッジ」に転じ、社長を務めた。

「人のやらない、あっと驚くような商品を作ろうとすると、リスクを背負って辛抱するしかないんですよ。とことんこだわって、3年で花が咲かない、あるいは5年で実がならないとしても、咲かすまでやるっていうトップの辛抱ですね。

今ソニーが大きく利益を出しているものの一つはCMOSイメージセンサーなんです。これは絶対モノになると信じて開発をやり続けたわけです。それがソニーの屋台骨を支えている。ところが、経営数字でがんじがらめにして、目先の利益で評価しようとすると、どうしてもリスクを取るマネジメントは避けますよね。結局、ソニーがこんな（凋落の）ありさまになったのはマネジメントの問題ですよ」

今でも彼は、上司が激論の末に吐いた言葉が忘れられないという。

「白水君、いいとか悪いとか理屈じゃないんだ。そういう上司を持ったことを運が悪かったと思って、あきらめてくれ」

理屈が通らないでどうする。上に立つ者がそんな言葉で議論を打ち切るのか。リスクも取らない、辛抱もできないでは、それはもはや「SONY」ではないではないか。

運が悪かったと思ってくれ、と言った上司たちは、結局、凋落の責任を取らずに去って行った。ずるい、と白水は思う。

4 相次ぐ「構造改革」

決断しきれないトップの下で、社員たちはさらにぬかるみを進む。

２００３年の第2次構造改革の後、２００５年9月、今度は1万人のリストラ（国内４０００人）を含む「中期経営方針」を発表する。

不採算事業からの撤退を進め、エレクトロニクス、ゲーム、エンタテインメントの3分野に集中投資するという名目だった。２００７年度末までに65ヵ所の製造拠点を54ヵ所（実際は57ヵ所）にまで減らす計画で、またまた希望退職者を募った。

これでリストラは第3次。途切れることなく、まさに年中行事になったのである。

ソニーのリストラ部屋に社員が絶え間なく送り込まれるようになっていく。リストラ部屋から社員を追い出しても次の社員がまた補充されていった。

リストラに驚いた社員の一人が人事発表のたびに退職者の数字を数え、統計を取っていた。

それによると２００３年4月から２００５年8月末までの間に、ソニー本社の社員が２９０６人も辞めていた。半導体、デバイス、モバイルなどあらゆる部署にまたがっている。このうち４分の１の８００人以上はリストラ部屋に収容され辞めていった人々である。

同じ時期に１６９６人が新たに入社していた。つまり、給料の高いロートル社員をリストラ部屋に送り込むなどして辞めさせながら、安い新入社員と入れ替えていたことになる。

問題なのは、このリストラの間も有効な成長戦略は立てられなかったことだ。

以下は、別の役員の証言である。これは第１章で紹介した小方《おがた》清史が取り組んだ極秘プロジェクトの証言とぴたりと一致する。

「その時にｉＰａｄみたいなものが出てればまだよかったが、内部でつぶしちゃったようなものだったですね。ソニーだってｉＰａｄのような発想は担当のエンジニアにはいっぱいあったんです。『何がソニーで一番欠けているんですか』とよく聞かれますが、目利き、先見の明を持つ人がトップにいなくなっちゃったのではないかと思いますよ」

その間、絶対的権力を握ったハワード・ストリンガーは「構造改革をやれ。そうしたらすぐ業績は良くなるはずだ」と強く主張した。前述の元最高幹部によると、２０

08年の構造改革（第4次）を「やろう」と言ったのも彼だ。その時にストリンガーは忘れられないような話をしたという。

「やらないとソニーはダメになる。まだまだ絞り足らない。不採算事業をどんどん切りなさい。濡れ雑巾《ぞうきん》を絞れば出てくるでしょう」

ストリンガーはリストラを繰り返しても社員や組織にはそれほどの苦しみはないと信じているのだ。その話を聞いた役員たちは暗澹たる気持ちになった。

ストリンガーは出井よりも5歳年下の、もともと放送ジャーナリストだった人物だ。1942年にウェールズで生まれ、アメリカに移住している。CBSでプロデューサーなどを務め、社長として好業績を残した。それを見た出井にソニー・アメリカの社長を任された後、ソニーグループのトップに抜擢されている。

トヨタでも「乾いた雑巾を絞れ」と徹底したコストダウンが行われている。だが、それは乾いた雑巾を絞り上げるように知恵を出せ、という意味の表現であり、ソニーとは発想が異なっている。

構造改革に携わった元最高幹部は「結局、ハワードらは組織を引っ掻き回しただけだ」と批判する。

「ジャーナリスト出身のハワードの専門は音楽や映画です。その業界構造は、人を切るとなると大半はアルバイトや非正規社員で、退職金もそんなにいらないし、ある作品をやめればバッと削れます。彼の言葉は正論に思えるが、実際にリストラをやった時にどんなリアクションが出てくるかを考えてやらないと、活かさなければならないものがつぶれてしまう。我々は慎重だったが、まるで抵抗勢力の如く扱われていました。エンタテインメントを商売にしてきたハワードは、作品を一つやめるのと同じように『切れるでしょう』と言っていました」

出井、ストリンガー、そして現在のトップである平井一夫の系譜で語られる、「ソニー構造改革」。その特徴は、短期的な決算対策を重視し、膨大な資産と人材、そしてリストラ資金を失ったことだ。

彼らが首切りに努めた結果、退職者には高額な退職加算金を支払うことになる。その金額は当時のCFO（最高財務責任者）でさえ唖然《あぜん》としたという。

別の元幹部の証言によると、1997年に早期退職者を募集した際、退職加算金を年俸の5年分も奮発したという話が残っている。出井が社長時代のことである。本来は最大で3年（36ヵ月）分のはずだが、いずれにせよ、後になって、「アメリカでは1年勤めても退職加算金は1ヵ月分も出ない。なぜこんな愚かなことをしたのか」という批判が出るほどだった。

しかし、一度、社内に発表した甘い早期退職プログラムはその後も大きくは変えられない。「結局、なし崩し的に時間をかけて変えていかなければならなかった」という幹部の証言もある。

2003年の大規模リストラの際の早期退職金は、最高5400万円に上った。「共稼ぎの夫婦社員が辞めると7000万円から8000万円は懐に入る」と言われた。統括部長クラスが辞めると、退職金や退職時のボーナスと合わせて1億円近くも手にしたという。

「ソニーはいい会社だ」

だれしもそう考える。雀の涙のような手切れ金で放り出す企業に比べると、ソニーの措置は温かい。しかし、一方でこう思った退職者もいるのだ。

「会社が抱える固定費のうち最大のものが人件費だ。でも良い人材を確保するために人件費がかかるのだ。これほどまでに金を払って人を削減したい会社なんて何を考えているのだろう」

後に詳述するが、ストリンガーも高額報酬を手にしているためか、「これまでがそうだったのならしかたがない」という姿勢だった、と元最高幹部は言う。

「人事担当とすれば、加算金を多く出せばそれだけ退職者は増えますよ。（首切りの）目標を掲げて到達させようとすれば、一番安易な方法は退職金を上積みすることですから。上司が甘かったから、それに便乗する社員も出ました」

元役員によると、若い女性が結婚退職で辞める時に、ちょうど早期退職プログラムが実施されていた。人事担当者に「そうした方がいい」とアドバイスされたともいう。彼女は「私は早期退職にアプライ（申請）します」と言って認められた。

「優しいというか、会社としてはバカですよね。何人辞めさせたというのが評価になるから、自分の数字を上げるために人事担当の中にそういうことをやる者が現れるわけです」

リストラ便乗組や数字合わせの人事部員が現れるのは、ソニーの社内にモラルダウンが広がっていたことを意味している。

「その責任は会長だったハワードにあると私は思います。彼は非常に社内のモラルを悪くしましたよ。社員や幹部まで、『トップがそうなら、私たちが少しぐらい得をしたって』ということになったと思います」。前出の元最高幹部が振り返る。

後になって、ストリンガーは、凋落を続けるソニーから総額8億8200万円（2011年3月期）の高額報酬を受けとっていた事実が明るみに出る。その内訳は、基本報酬2億9500万円、業績連動報酬5000万円、ストックオプション（自社株購入権）5億1800万円、その他所得税額の一部補填など1900万円という厚遇である。彼は、米国から時折訪れる時のために、東京・恵比寿ガーデンプレイスのウエスティンホテルのスイートルームを常時貸し切りにさせている。このほかにも膨大な経費を使っていたことは、幹部から社員たちへ伝わり社内の顰蹙を買っていた。

「『俺たちは特別なんだ』と考えていたんですよ。いくらもらおうと、それにふさわしい仕事をしてくれればいいんですよ。しかし、ソニーの企業価値を下げただけではないですか」

ストリンガーを招いた出井は、『迷いと決断』の中で、こう書いている。

〈(会長兼CEOを務めたヘンリー・ボールソン氏が）05年度にゴールドマンサックスから得た報酬は、賞与を合わせて約44億円。（中略）

こうしたニュースを聞くたびに、私はハワードと額を寄せ合って、「業界を間違えたなあ」と嘆き合いました。ケタが違いすぎます〉

ソニーの社員は、会長兼CEOのストリンガーや出井の報酬額や退職金を思って、同じ言葉を吐いたのではないか。「ケタが違いすぎます」と。そんな社員たちの痛みを知らないストリンガーや出井らは2007年春、東京都港区港南の新本社「Sony

City」に移っていった。

その時、3種類の人間が「ソニー村」に取り残されている。リストラ部屋の人々、次いで近藤哲二郎を始めとする研究者やエンジニア。そして、5代目の社長だった大賀典雄である。

新本社ができるころ、大賀は烈火のごとく怒っていた。部屋を訪れた元役員に向かって言った。

「新本社に俺の部屋がないんだ。ふざけてるよな。絶対にここを動かん」

「ここ」とは、旧本社となってしまった御殿山のNSビルの8階。社長時代の大賀の執務室である。

「あんな豪勢なビル（新本社）を建ててもいいことはない」と彼は会う人ごとに語っていた。メーカーというものは製品こそが重要で、本社などにカネをかけるべきではないと考えていたのだという。そして、その怒りは、巨大な新本社を建て、自分をソニー村に置き去りにしたハワード・ストリンガーや彼を後継者に指名した出井に向けられていた。

大賀はその時、相談役に過ぎなかった。元副社長たちからも同情の声が漏れた。

「出井たちは大賀さんを置きっぱなしにして、向こうに連れて行かないんだもんね。創業の地を捨て、〝家長〟だった功労者をないがしろにする。あれはないよねえ」

大賀は社長から会長、取締役会議長、名誉会長を歴任した後、北京でオーケストラを指揮中に倒れた。旧社長室はそのまま使っていたものの、２００３年には取締役も退任していたのだった。

彼はかつて、役員たちからも「ソニー史の中のスーパーマン」と言われるワンマン社長だった。創業者たちが倒れた後、権勢を振るい、出井を14人抜きの大抜擢人事で6代目社長に指名している。ハワード路線の後ろ盾になってきたという自負もあった。だが、ハワードや出井は、その前年に顧問制度も廃止し、大賀ですら抗しようもない存在になっていく。

ソニーの権力は、創業者たちが想像もしない方向に動いていたのである。

側近たちによると、盛田は「ソニーのトップはエンジニアでないと務まらない」と漏らしていた。ソニー神話を築いた技術屋の魂を受け継がせなければいけない、と考えていたのだろう。後見役だった初代社長の前田多門を除くと、井深大、盛田昭夫、岩間和夫と続く創業者ファミリーまでは、その言葉通り社長の座はエンジニアに禅譲されてきた。

ソニーの誤算は4代目の岩間の死から始まっている。

岩間は日本における半導体産業の基盤を創った男で、東京通信工業が創立された翌月に入社した。東京帝国大学（現・東京大学）理学部地球物理学科卒で、東大地震研究所で浅間山の火山観測をしているところを盛田から口説かれたのだった。盛田とは名古屋市白壁町で隣同士の幼馴染みで、盛田の妹を妻に迎えていた。

岩間は井深とともにトランジスタに着目し、渡米して米国企業で学び、先進技術をまとめた「岩間ノート」をソニーにもたらしている。入社のいきさつもあって、「3人目の創業者」とも呼ばれていた。

井深が創り、盛田が売る——と書いたが、元幹部の中にはこう語る人もいる。

「井深が着想し、岩間が創り、盛田が売った」

ソニーの不幸は、岩間という後継者を社長就任から6年後の1982年8月、ガンで失ったことである。あわただしく5代目社長に就いたのが、東京芸術大学音楽学部出身の大賀だった。

彼は声楽家でありながらメカに精通し、在学時からソニーに出入りしてテープレコーダーについてアドバイスをしてきた。そこを見込まれて入社し、入社1年目で第二製造部の部長に、34歳で取締役に駆け上がっている。その彼を社長に見込んだのは井深であり、盛田である。盛田の元側近が語る。

「盛田さんは人事に慎重な人で、後継者の名前を口にすることはありませんでした。ただ、岩間さんの次の後継者として、大賀さんを意識していたと思います。盛田さんはアメリカ人や日本人の財界人、政治家、音楽家などを自宅に招いて会食することが多かったのですが、大賀さんがCBSソニーの社長から本社専務として戻って以降、そうした場所に岩間さんとともに同席させることが多かったからです。

最終的に盛田さんたちが大賀さんを社長に選んだのは、間違いなくCBSソニーを立ち上げ、経営者として成功したからです。技術にも強かったこともあるでしょう。エンジニアでないと務まらない、という条件も何とかクリアしていた。特に、大賀さんがコロムビア・ピクチャーズ（コロムビア映画）を買収して映画、音楽の経営ができるようになった点を重視したのだと思います」

大賀は「エンジニアでなければ」という盛田の意思を知っていたはずだ。だが、彼が次の社長に指名したのは、意外にも「カンパニーエコノミスト」を志して入社した出井であった。ここがソニーのターニング・ポイントである。

米国流の出井は、創業者がビジョンとカリスマ的なキャラクターで会社を切り回していた時代は終わった、と考えていた。これからは冷静な分析・判断による「技術者としての経営」が必要だと確信している。モノ作りができなくても、「経営」という技術さえ備えていれば世界最大の企業も成長させていけるという考え方だ。

ソニーと言えば、井深が東京通信工業の設立趣意書に記した理想——真面目なる技術者の技能を、最高度に発揮せしむべき自由闊達にして愉快なる理想工場の建設——が引き合いに出されるが、改革者を自負する出井はそれをこう評している。

〈井深さんや盛田さんが作った〝自由闊達の池〟があって、そこでみんなが楽しく泳いでいます。けれども、池からは〝ネガティブキャッシュフローの川〟が流れ出していて、お金がじゃんじゃん流出している。そして、その先には、〝倒産の滝〟が待ち構えている……〉（『迷いと決断』）

そして、出井は、「昔はよかった」という勢力を抵抗勢力とみなし、伝統的エレクトロニクスにＩＴ事業を加えて、〝第二の創業〟と称した。改革者を自任するその出井が選択したのが、ジャーナリスト出身のストリンガーをＣＥＯ兼会長、ソニー仙台工場出身の中鉢良治を社長に据えるトップ人事である。出井の影響力を残すための院政を敷いたという人もいる。

ストリンガーはモノ作りについては全くの素人だった。だが、出井は「自分がいなくなった後、世界全体がわかる人間」と評価し、後は日本のことがわかる人間——つまりこの場合は中鉢を下に補強すればいい、と考えていたという。

確かに、時代は激変し、ソニーは肥大化している。井深はかつて東京通信工業の「経営方針」として、日本的経営を象徴するような言葉を掲げていた。

〈一、不当なる儲け主義を廃し、あくまで内容の充実、実質的な活動に重点を置き、いたずらに規模の大を追わず
一、経営規模としては、むしろ小なるを望み、大経営企業の大経営なるがために進み得ざる分野に、技術の進路と経営活動を期する
一、従業員は厳選されたる、かなり小員数をもって構成し、形式的職階制を避け、一切の秩序を実力本位、人格主義の上に置き個人の技能を最大限に発揮せしむ〉

「規模の大を追わず」「経営規模としては、むしろ小なるを望み」「従業員はかなり小員数をもって構成し」といった方針は、いまや空文に等しい。これまで触れてきたように、二十数人で始まった東京通信工業は2006年の創立60周年時点では、世界で15万人のグループ社員を抱えるまでに巨大化しているのだ。

設立趣意書を書いた井深は、大賀らがコロムビア映画を48億ドルで買収した際、「恐ろしい金額だね。もう僕にはわからない」と漏らしている。また、盛田も晩年、側近にこう話した。

「今のソニーは全体のオペレーションがすっかり変わってしまったので、この会社を運営していくのは大変だね……」

盛田の出井に対する評価は必ずしも高いものではなかった、という証言もある。盛田に近い元役員が言う。

「出井さんが社長に抜擢されるとき、盛田さんは既に倒れて療養中でした。残念ながら思考能力はなかったはずです。出井さんを選んだのはあくまで大賀さんの独断でしょう。

大賀さんは数人の社長候補リストのなかから、燦々と輝く人物と見込んで、出井さんを選んだのですが、後々、『あの指名は僕の大失敗だった』と悔やみ、泣かれていました」

最初は〝家長〟であり続ける大賀と、自信満々で船出した出井はともに自制していたのだ。ところが、時間が経つとお互いを非難するようになったという。2人の創業者のようには並び立たなかったのである。

「特に大賀さんは日本の記者たちにはまだ慎重でしたが、外国人ジャーナリストには気が緩むのか、はっきりと期待外れだと語り、時には出井さんを罵るような言葉も使うようになりました。創業の地に立つ2号館は一時、本社が置かれていたのですが、そこが解体されるのを目の前のビルから見て、涙を流していましたね。ブラインドを開けて、『本社をあんな風に壊して……』と。出井さんら後継者たちへの怨嗟のように聞こえました」

出井が社長に就く前と後では、あることが決定的に違うという。出井以降は、トップでさえ恐れる「神様」がいなくなったというのだ。

井深や盛田には、新潟県知事や文相を務めた前田多門が付いていた。井深は前田の二女と結ばれている。創業者の2人の背後にはさらに、元三井銀行会長や元帝国銀行頭取で東京通信工業会長を務めた万代《まんだい》順四郎、前田の親友であり、初代宮内庁長官で後にソニー会長となる田島道治、盛田の父親で出資者の盛田久左エ門といった政財界の重鎮が睨みをきかせた。いずれも「NO！」と言える存在だった。

あるとき、秘書が井深に「どうしてこんな立派な設立趣意書を作られたんですか、社員のためですか」と聞いた。すると、「違うよ」という声が返ってきた。

「3人のじいさんを説得しなくちゃいけなかったんだ。前田さん、万代さん、それに田島さんだな。その3人に『うちの会社は立派な会社なんだ』と納得してもらうために、一世一代の覚悟で書いた」

4代目社長の岩間や大賀の後ろにはもちろん、井深と盛田、そして顧問や社友（取締役経験者）が控えている。大賀は実力者だったが、「井深さんや盛田さんだけは恐れていた」という。

代表取締役副社長だった大曽根幸三はこう証言する。

「私が副社長のころは大賀さんが社長でしたが、一応、自分で決定しても盛田さんや井深さんに意見を聞きに行っていました。『自分はこの道をたどろうと決めましたが、なおご意見を』と念押しですよ。その時だって、さすがの大賀さんもびびってましたからね。

でも、大賀さんが社長に選んだ出井君からは、OBの意見など聞きませんでした。『もうOBが経営してるわけじゃない』ってね。ソニーを築き上げてきたOBの意見を聞くのはタダなんですがね」

出井が社長に就任する2年前の1993年、盛田は脳内出血で倒れていた。井深はとっくに第一線から退いている。

井深が亡くなる直前の97年6月、出井は「日本の役員数は多すぎる」として、ゼネラル・エレクトリックを参考に、執行役員制度を導入する。取締役を約4分の1に減らし、親しい社外取締役を次々に受け入れた。

2000年に大賀が会長から取締役会議長に退くと、ソニーは出井のワンマン体制に入っていく。2006年にはソニーの顧問制度が廃止され、大曽根のような社友の声さえも取締役会には届かなくなった。

第3章

技術者の矜持

2008－2009

1　ソニー村の反乱

ソニー人事部を仰天させる事件が起きたのは、2008年春のことのようだ。「ことのようだ」と書くのは、双方の関係者が〝事件〟について未だにはっきりと語ろうとしないからである。確かなことは、ソニーが偉才や奇人の巣と言われた、ある研究所を解体しようとした際に起き、このリストラに約150人と言われるソニー村のエンジニアが猛然と異論を唱えたという事実だ。

「彼らは会社の説明会に集まらず、ボイコットして職場に居残った」と関係者は言う。その騒動は、社員たちの間に少しずつ漏れていき、後になって「研究所に集団で立てこもった」と表現された。

人事部の箝口令《かんこうれい》が効果的だったのは、震源地が東京都港区港南の新本社ではなく、品川区北品川の旧本社ビル群にある研究所で起きたからである。創業のこの地には、中枢の事業部が新本社の高層ビルに集められた後も一部の社員たちが残されていた。その一つが「3号館」と名付けられたビルで、旧本社ビルの向かいにあり、その8階を「A^3（エーキューブド）研究所」が占めていた。

そこには業務執行役員SVP（シニア・バイスプレジデント）だった近藤哲二郎と、約200人の研究所員がいた。「近藤部隊」とも「近藤組」とも呼ばれている。

彼らを率いる近藤は、第1章で紹介した「サイコロリストラ」を提唱した人物だ。彼はデジタル高画質技術「DRC」（デジタル・リアリティ・クリエーション）を開発し、高画質技術では並ぶ者がいないというエンジニアである。

DRCは、標準テレビ信号を受信して、情報量がその数倍もある高精細なハイビジョン映像へ作り替えるという独自技術で、「画像の錬金術」と呼ばれた。ソニーは1997年にその技術を平面テレビ「WEGA（ベガ）」に搭載して売りまくり、翌年には万年4位だった国内のテレビ市場シェアをトップの松下電器（現・パナソニック）に肉薄するところにまで押し上げた。

近藤は銀縁の眼鏡をかけ、真夏でもネクタイを締めている。麻雀はやめ、ゴルフはやらず、酒は飲まない。だから接待の場に出たことがない。

中途入社組で、慶応義塾大学工学部電気工学科を1973年に卒業した後、日本無線の研究所に勤め、7年後にソニーに転職している。ソニーが「ウォークマン」を発売し、携帯音楽プレーヤー市場を生み出してちょうど1年後のことだった。

かつてのソニーでは中途入社が珍しくなかった。創業者の井深大《まさる》自身が、早大理工学部を卒業した後、写真化学研究所や日本光音工業株式会社で技術者を務め、戦前には日本測定器株式会社、戦後は東京通信研究所を設立したうえで、ソニーの前身である東京通信工業の創設にたどり着いている。

近藤が入社した1980年代の社内には自由闊達な空気と熱気が満ちていた。ソニー転職以後、近藤は仕事漬けの人生を送った。負けず嫌いのカリスマであり功労者である。

ただ、ソニー社員たちが近藤に畏敬の念を抱くのは、その錬金術や彼の独創性のためだけではない。英語で言えば「Extraordinary」。良く言えば、並はずれで枠にはまらない。一言で言えば、近藤の普通ではないところである。

つまり、ソニーらしい変人だ。彼が一方で嫌悪され、また役員に異端視され続けたのも、そんな極端な振る舞いと直截な物言いに原因があった。

ソニーの執行役員に抜擢されたのに、近藤は役員会に姿を現さなかった。時折、姿を見せると、

「おや、珍しいねえ」

と先輩役員から声が漏れるほどである。「ケンパツ」と呼ばれる研究開発報告会に

も長い間、出席していない。ケンパツは社長ら首脳陣に研究成果を発表してアピールし、予算を確保する大事な場だ。

その一方で役員は、会長や社長に月報を月に一度、提出しなければならなかった。だが、彼は一度も出さなかった。

「用事があれば呼び出せばいいではないか」と漏らしていた。中鉢《ちゅうばち》良治は2005年に社長に就任してかなり経つのに近藤が一度も提出しないのはひどいと言って、ある時、

「役員月報をすぐに出せ」

と怒ったという。それでも従わなかった。

研究所には、アクセスカードがなければ社長であっても入ることができない。実際に、中鉢は中に入れてもらえなかった。彼の研究所は閉ざされた場所で、何をしているのかわかってしまったら、その研究はもうほぼ終わりだと近藤は考えている。彼自身が内外に秘密主義を公言していた。

「研究室の中に中鉢社長を入れなかったのではなくて、歴代社長の誰一人として入れなかっただけなんです。普通の研究所というのは年に1回か、好きな人は2回ぐらいオープンハウス（公開）にして呼び込み、『うちの技術はすごいだろう』ってやる。

すると事業部がそれを見て、『あ、これはいい』と言ってお金がもらえる、バーゲンセールみたいなのをやる。誰でも入って行けて誰でも話ができるというのが開かれた研究所。でも、うちは違う。少し前の研究所はどこでも秘密主義でした。ゴミ箱を産業スパイが漁りに来るっていうのが普通だったから」

そして、こうも言う。

「私は研究テーマを役員会にも説明しない。そもそも人に話をして『私はこれからこういう研究をします。何年後にこういうのをやります』と言って、その席で『いいね』って言われたら、やっちゃいけないテーマなんです。ということは、皆が知っていて、できそうだと思う話だからです。それは価値がほとんどない。『とんでもない、やめろ』と言われたらやる価値があります。私のは、皆が『やめろ』とか、『とんでもない』としか言わないから、説明してもしょうがないじゃないですか」

立ち入らせず、説明もしない。そんな研究所だから、人事部の指示を無視して普段通りに仕事をしていれば、それだけで半ば立てこもったようなものである。

そんな出入り制限区域であったから、「研究所・集団立てこもり」事件を目撃した社員はほとんどいない。したがってマスコミに報じられることもなかった。

「近藤君は、わからない人には説明するだけ無駄だというピュア（純粋）なエンジニアでね。中鉢社長や副社長らに嫌われていました。そもそもエンジニアは設備投資を必要とするので一般社員の2倍の経費がかかるんですが、近藤部隊は年間50億円は使っていました。

あの時、中鉢社長たちは『近藤君の技術はもう必要ではない。あとは自分たちでできる』と研究所を解体しようとした。解体すれば表面的には削減効果が上がりますから。彼と一緒に仕事をしていたエンジニアに『自分でほかの仕事を探せ』と告げたわけですね。これに対して、50人ほどは応じたが、150人から160人が『研究を続けさせてくれ』とリストラを拒んだ」

ソニーの元役員は、「それは大問題になりましたよ」と言葉を続けた。そして封印された事件の背景を口惜しそうに語り始めた。

「研究者は今日という日に利益を出せるわけではない。将来に賭ける研究の意味や異能の研究者の価値が社長たちにはわからなかった」

創業者の井深大は、「人材石垣論」を唱えている。

石垣の石は、ブロックのようにすべて四角い石だとすぐに壊れてしまう。ごろごろの石や真ん丸の石、四角い石もあって、でこぼこの組み合わせこそが強い。だから、

「こいつは生意気な奴だ」と思っても、我慢して使うことが必要だ。すると組織は強くなる。

ごつごつした個性を否定してはいけないというのだ。近藤部隊の解体はその「人材石垣論」だけでなく、ソニーらしさを否定するものだった。

一方で、幹部のこんな現実的な声がある。

「でもね、技術屋といえどもゴマをすって上司とうまくやるのがサラリーマンです。近藤さんは不器用で、口下手で、自分の考えに凝り固まっちゃって、ソニー大好き人間なのに頑固だった」

エンジニアは一般に、「売れる商品」よりも「良い製品」を造りたがる傾向にある。「商品」と「製品」。英語で言えば同じ「プロダクツ」だが、エンジニアが「この製品には良い技術を使っているから売れるはずだ」と考えるのに対し、顧客は「商品」をこそ求めている。彼らが重視するのは値段であり、操作性であり、壊れた時にサービスが受けやすい「商品」なのだ。前述の幹部が言う。

「近藤さんは、自分たちエンジニアにはそうした点が欠けていることを一部の人に対してはすごく素直に認めていた。だが、普通は技術論争をしてしまう。すると誰も近藤さんを論破できなくて悔しい思いをするし、彼も懇切丁寧に説明をしないから誰も彼と話す気もしなくなる。近藤さんにしたら滑稽感があるんでしょうね」

ある役員は、事業計画会議に出席した近藤の姿を忘れることができないという。首脳たちが円卓を囲み、幹部たちがそれぞれ目下の事業内容を説明するのだ。近藤の番が回ってきた。すると、彼が小さな声でつぶやいた。

「いや、いいですよ、僕。言ったってあの人たちにはわからないですよ」

約20人が出席していた。その声は円卓の向こうの社長たちにも聞こえている。仲の良い幹部がたしなめた。

「近ちゃん、ちゃんとやらなきゃだめだよ」

「わかりましたよ」

近藤は言った。だが、話をし始めたと思うと、たった5分ほどで終えてしまった。座は白け、ずらりと渋面が並んでいた。

研究所の立てこもり事件に快哉を叫ぶ者もいたが、そうした孤高の集団だったから表だってかばう者は少なかった。人事部関係者によると、近藤が「組織のアウトロー」と言われるエンジニアまで抱え込んでいたことも影響している。

「私は近藤さんをとても尊敬していた」という関係者が次のように明かす。

「近藤さんの研究所は、行き場がなくなったエンジニアの避難先にもなっていたんです。頭は良いがアウトプットできない、尖っているが会社的には相手にされない、本当に光る原石なのか、そんな紙一重のような人たちもいました。はっきり言ってキャリア開発室（リストラ部屋）に送られるべきエンジニアも引き取っていました」

近藤の異能を見出したのは、社長時代の出井《いでい》伸之である。

近藤は若い頃、約４００件もの特許にかかわりながら、首脳の一人に嫌われていた。「座敷牢」と彼が呼ぶ不遇な研究生活を10年間過ごした後、出井に抜擢される。鼻っ柱が強くクールな出井も「面白がり」の一人ではあったのだ。

近藤は２０００年にA^3研究所所長、２００３年には業務執行役員上席常務などに就いた。その間、第1章で触れた出井肝煎りのクオリアプロジェクトの責任者も務めている。

だが、庇護者である出井も、立てこもり騒ぎの前年の２００７年にはソニー最高顧問を辞任し、影響力を失っていた。

「ソニーにはアウトローをかくまうという成功ストーリーがありました。ワンマン社長だった大賀典雄が傍若無人と言われた久多良木《くたらぎ》健さん（のちに副社長）を囲って、プレイステーションをやらせて成功に導いています。あんな風に、組織の中で『なんだこいつ』という人にチャンスを与え続けてきた。それで新たなビジネスを創ってきた面白さがあるから、出井さんも近藤さんを支えていた。

近藤さんのところに集まった人たちも、『俺もここなら花開く』といった錯覚があったでしょう。出井さんがいなくなって、本格的にリストラの時代に入ると、『近藤さんはあんな人たちを引き取ってどうするんだ』という風潮になっていきました」

だが、そうした人事関係者の評価やトップの決断が正しかったどうかは誰にもわからない。見る角度と時代が違えば同じ花でも姿は違って見えるのだ。そして上司の一時的な評価ほどあてにならないものはない。

結局、研究所の「立てこもり」はほどなく〝鎮圧〟される。

存在価値を否定された近藤は、騒ぎの翌年8月にソニーを去り、新たに「I^3（アイキューブド）研究所」（東京・用賀）を設立している。その際、ソニーも出資に加わったが、元役員によると、「近藤君が責任を取って辞めざるをえなくなった」という。

結局、彼には28人の研究所員がついてきた。ついてこいとも、生活を保障するとも言えなかった。

「会社を作ろうと思うんだ。短い期間はもつだろうな」

近藤がそう言ったら、28人がこう答えたのだった。

「ぼくらを連れて行ってください。一緒に研究を続けたいんです」

28人以外にも希望者がいたが、とても食わせられない。近藤が雇えずにソニーにとどまった者は「残党」と呼ばれている。

97年入社の安藤一隆は手を挙げた一人だ。近藤に義理があったわけではないし、感情的になったのでもない。

当時、38歳。妻と2人の子供を抱えていた。「寄らば大樹」でソニーに残るか、異端の近藤と打って出るか、研究者として悩み抜いたのである。

ソニーはこれからどうなるのかわからない。といっても、上司の近藤と一緒に冒険をしても敗れてしまうかもしれない。5年後、10年後を想像したとき、研究開発を続ける自分に何が残るのか――。

「いろいろ考えても、食べていけるのかどうかはわからない。それなら、失敗して地に落ちたとしても、新たなチャレンジや冒険をした方が、自分の中で何かを芽吹かせるようなエネルギーを持てるんじゃないか、そういう機会がきたんじゃないか、と思いました。

エンジニアなので、新たな映像技術に挑戦したり、まだ見ぬ何かの種を蒔いたりしたい。さらに花を咲かせ、実がなったところを見たいというところがありますよ」

　結局、安藤はそんな考えに落ち着いたのだ。損得勘定で言えば、おカネではなく自分の力を得たほうが結局は食っていけるのではないか、という計算もある。生き抜くしぶとさのようなものを身につければ何とかなるのだ。

「あれは大学の研究室でやってるようなものじゃないですかね」と、元役員の一人は近藤組を評した。彼は近藤の部下にこう尋ねたことがあった。

「あんたらさあ、近ちゃんが厳しいから大変だろう」

「いや、全然そんなことないです」

　技術の話だけで生きているから楽しくてしょうがない、というのだ。


　安藤の1年後輩の近岡志津男は、「(自分が辞めたのは) 近藤と一緒に仕事をしたいという一点に尽きた」という。近藤は常に5つか6つの直轄プロジェクトを同時に進めていたが、近岡はその研究を通して仕事の楽しさを覚え、仕事の意味、研究と技術の意義、そして自分が相対する自然について考えた。

　近藤組は新しいものを作る環境を大事にするチームだった。そんな志を持っている人々と一緒に仕事をするのが一番自分のためにもなる、と近岡は思った。

父親に相談したエンジニアもいる。原崎俊介。03年入社で、近藤とともに退社を決めた時、まだ30歳だった。独身である。

母親は、「大樹の陰にいたほうがいいんじゃないの」とつぶやいて、こう付け足した。

「だけど、自分の決断だよね」

そばにいた父親はメーカーのサラリーマンだった。

「サラリーマン人生の中でなあ」と父親は遠くを振り返るように言った。

「この人と一緒に仕事がしたいって思うことは、ほとんどないんだ。そこは単なるめぐりあわせなんだよ」

原崎は黙って聞いていた。迷った時に聞く父の話は、心に沁みた。

「だから、その時に仕事がしたいって思った人がいたんだとしたら、その人と納得いくまで仕事をしてみる。まあ、それが俺の人生の中では一番良かったような気がするな」

笠間英雄は99年入社組だから、安藤の2年後輩だ。子供が2人。まず妻に相談した。

「あなたの好きにしたら」

それだけだった。妻は同じくらいに稼いでいたからか、全く動じなかった。両親は「辞めてその先、大丈夫なのか」という程度の反応である。迷い始めて父親の言葉を突然、思い出した。笠間がソニーに入社するとき、エンジニアだった父親は息子にこう言ったのである。

「会社員人生って、なかなかめぐりあえる人物はいないものだ。十年一区切りって言うけど、お前も会社に入って10年から15年経つと、いろいろ見えてくるものがあるよ」

笠間が辞めたのは入社10年後だったから、「なるほど、こういうことか」と妙に得心がいった。父親の言葉が決め手になったわけではないが、めぐりあった近藤に10年間、直接教わることで見えてきたものがある。

その環境を自分で壊してしまうことは考えられなかった。

近藤と近藤組の28人に将来の不安がなかったわけではない。しかし、それはソニーのエンジニア時代にも漠然とあったものだ。それを彼らはどう乗り越えようとしたのか。

安藤は自分に言い聞かせるように語った。

「自分の力の及ばないところで起きてしまう何か、死や運命のようなどうしようもない何かに対する漠然たる不安がありますよね。でも、その不安は抱いていてもしょうがない。問題はそこからです。その先の漠然とした不安は自分で消し去ることができる。失職や生活破綻、失敗への不安もその一つで、それらは自分の中で消し去らなきゃいけない不安なんじゃないですかね」

2 「往生はできねえ」

それは、近藤組の義憤と騒ぎが静まったころだった。

「パパ！ 大変よ」

２００９年1月22日。ソニーの業務執行役員ＳＶＰだった尾上善憲《よしのり》の一日は妻の大声で始まった。午前6時ごろだった。

2階の寝室で寝ていた尾上はその声に跳ね起きて、パジャマのまま階段を駆け下りた。妻が日本経済新聞を手にしていた。

「きょう出張するって言ってたけど、もう新聞に出てるわよ」

この日、彼は愛知県一宮市に出張する予定であった。日経の1面トップには、その出張を台無しにする記事が掲載されている。記事は黒々とした5段見出しで、国内テレビ生産工場のリストラを伝えていた。

〈国内ＴＶ生産　ソニー、１工場に集約〉

ぎょっとした。その脇の袖見出しは、〈希望退職募集など正社員２０００人超削減〉と補足し、次のように伝えていた。

〈（今回のリストラは）赤字が続き、業績悪化の元凶となっているテレビ部門の開発・生産体制にメスを入れるのが柱。ソニーの国内テレビ関連工場は、子会社ソニーイーエムシーエス傘下で液晶テレビを組み立てる稲沢テック（愛知県稲沢市）と、プロジェクターや業務用モニターを生産する一宮テック（愛知県一宮市）がある。両拠点は近接しており、どちらかで生産を打ち切って1ヵ所に集約し、生産効率を高める方向で調整している〉

尾上はモノ造り本部長と生産戦略担当役員を兼務し、世界中57ヵ所に配置した工場の再編計画を練っている。ＣＥＯ兼会長だったハワード・ストリンガーは約40日前の前年12月9日に新たな収益改善計画を大枠で発表し、「リストラ断行」を印象付けたうえで、尾上に具体的な工場再編案を打ち出すように指示していたのだった。

それを受けて尾上は、一宮テックを閉鎖して稲沢テックに移すことをひそかに決めていた。１０００人の非正規社員が削減されるのだ。ソニーの構造改革という名前のリストラはこれで4度目に達していた。

22日の午後、ストリンガーがその内容を記者会見で明らかにする手はずだった。尾上は会見の直前、事情を知らない一宮市長に面談して直接説明することになっている。

悪いことに「1工場集約」をすっぱ抜いた記事は、稲沢か一宮かどちらかの生産を打ち切ると書いており、一宮テックだけでなく稲沢テックの関係者まで混乱させる内容になっている。彼は本社広報の幹部宅に電話した。

「君、日経を見たかい。市長さんがこれ読んだら怒るんじゃないか」

「そうですね……」

「俺は予定より早めに一宮に行くよ」

新聞社は工場の「集約」とか「メスを入れる」とか、簡単に書くが、職場が消えてしまうのだ。社員や家族、その恩恵を受けてきた地元商店街にとっては衝撃的なニュースである。あるいは、批判を避けたい幹部がガス抜きをしようと極秘情報をリークしたのかもしれない——。

尾上は本社に寄ってから新幹線に飛び乗り、目立たないように工場のワゴンで一宮市役所に入った。市長の谷一夫とは初対面である。

「良い話で来たのではないのです。実は、とても悪い話なのです」

「なんでしょうか」。谷は元開業医で、細身だが腹の据わった男だった。

「もう新聞でお読みかもしれませんが、わが社は愛知の２つの工場を集約せざるをえない状態になりました。クローズするのは一宮工場の方なんです」

声を絞り出すと、市長は「雇用、それに税収が減りますね」と淡々と応えた。

一宮はかつて織物で知られ、紡績と繊維産業に従事する「女工の街」とも呼ばれていた。しかし、工場が姿を消した今では財源に窮している。２人きりのやり取りは続いた。

「幸い、一宮と稲沢は近いので、ほとんどの人は通勤圏内となります。雇用はそのまま基本的には吸収させていただく方向です」

それを聞くと、市長はほっとしたような口調になった。

「女子ホッケーチームはどうなるの？　うちはホッケーで有名なんだけどね」

ソニー一宮工場に本拠を置く日本リーグの名門「一宮BRAVIA Ladies」を心配しているのだ。ソニーの女子ホッケーチームは、全日本選手権大会で断トツの通算優勝回数17回（２０１５年シーズン終了時）を数え、アテネや北京のオリンピックなどにも数多くの日本代表選手を送り出している。人口37万人の街の誇りなのである。

「ブラビアチームは稲沢に移ってもらって、チームは継続してもらいます。ご心配をおかけして申し訳ありません」

チーム名には一宮と付いているが、ファンには「BRAVIA Ladies」として知られていた。名称はさほど変える必要がないな――。

尾上はぼんやりと考えた。リストラはその企業の縮小を意味するだけではなく、地方からも実に多くのものを奪っていく。

「遠いところからわざわざ説明に来てくれてありがとう」

市長の気遣いはかえってこたえた。申し訳なさでいっぱいだった。

尾上はテレビや業務用ディスプレイの商品開発に携わってきたエンジニアで、ディスプレイ部門のトップまで務めた。一宮テックはかつてトリニトロンテレビの量産工場で、尾上たちが設計した製品が作られてきた。

工場のラインリーダーや従業員には数多くの知り合いがいる。同じ時期に売却話が持ち上がっていたメキシコのティファナ工場にもコンピューターディスプレイで大変な面倒をかけてきたのだ。

――俺は三十数年のエンジニア人生のうち28年近くをテレビ・ディスプレイ開発に費やしてきた。そんなディスプレイ屋が、自分を育ててくれた一宮を切り、ティファナ工場を閉鎖しなければならないのか。

統合する稲沢工場も合理化は避けられない。犠牲になるのは、かつて尾上たちの世話を焼いてくれた社員たちだ。その人たちに何と申し開きするのだ。日経にすっぱ抜かれたことで、自分のやっていることがますます空しく見える。

「俺はこんなことして罰あたらねえのか。良い往生はできねえんじゃねえか」

そうつぶやきながら東京に帰る道すがら、尾上は決めた。

――会社を辞めよう。このまま居座るわけにはいかない。

57歳だった。それが役員の本当の責任の取り方になるのかどうかはわからなかった。工場閉鎖を見届けないままの辞職は敵前逃亡なのかもしれないとも思ったのだ。

彼は朝鮮戦争さなかの1951（昭和26）年、奈良県山辺郡都祁《つげ》村（現・奈良市）に生まれ、生徒4人の山奥の分校で育った。父親は医者から電気屋に転じた変わり者で、尾上が東京電機大学に合格して上京する時に、小さなトランジスタラジオを棚から出してきた。それを手に父は言った。

「善憲よ。卒業してこういう会社に就職してくれたら、俺は嬉しいなあ」

「それはなに？」

SONYのロゴが光っていた。

「これでソニーっていうんだ」

「そんな会社、聞いたこともねえよ」

そのやり取りがソニー入社のきっかけだ。父も愛した会社だったのである。


妻に辞職の話を切り出したのは約1ヵ月後の2009年2月27日のことである。雪の日だった。銀座の寿司屋で飲んでいると、誰かがびしょびしょに濡れた夕刊紙を持ち込んできた。1面に「中鉢更迭《こうてつ》」と書かれていて、その大見出しが濡れた雪でゆがんでいた記憶がある。

その日は、中鉢良治が社長を退任する人事が発表された日だった。エレクトロニクス事業の責任者でもあった中鉢は副会長に祭り上げられるのだ。ストリンガーが絶対権力を手中にして、平井一夫ら「四銃士」と呼ばれる側近役員を周りに配置した日である。その人事はソニーをさらに混迷へと導く。

帰宅すると、妻がテレビでそのニュースを見ていた。妻はかつてソニーに勤めていたから会社の変質やリストラの実情、人事の意味も承知している。

「もう辞めようと思うんだよ」

「あ、そうだね」

それ以外は何も言わなかった。「なぜ辞めるの」とか、「これからどうするの」とか聞くところだろうが、思いつめた夫の気持ちはわかっていたのだろう。

今になって、「定年はソニーで迎えてほしかった」と彼女は言う。尾上もそうしたかったのだ。好きな会社を途中で辞めるなんて夢にも思っていなかった。

3月に入って、社長の中鉢に面会して辞意を伝えた。リストラの痛みを打ち明けると、中鉢は「つらい思いをさせて申し訳なかった」と頭を下げた。中鉢の目が真っ赤だった。彼は社長就任時に「必ずや、エレクトロニクス事業の復活をやり遂げる」と宣言していた。それが果たせずにリストラに踏み切っている。秘めた苦渋や悔しさもあったのだ。

だが、リストラの対象になった人々は泣くだけではすまない。

一宮工場の閉鎖を含むリストラは、「2008年のリーマンショックと米国発の世界金融危機に対応するため」と説明されていた。円高の直撃と販売不振を受けてソニーの2009年3月期は14年ぶりの連結営業赤字に陥る見通しで、ストリンガーは世界のエレクトロニクス事業部門で1万6000人以上(うち正社員8000人)を削減すると発表していた。

しかし、ソニーのリストラは99年から数えると、これで第4次になるのである。その異常は次のように並べてみるとわかりやすい（数字はグループ全体の削減数）。

99年3月―2003年3月　経営機構改革（第1次構造改革）1万7000人
03年10月―06年3月　トランスフォーメーション60（第2次）2万人
05年9月―08年3月　中期経営方針（第3次）1万人
08年12月―10年3月　エレキ強化と収益改善（第4次）1万6000人
12年4月―13年3月　新経営方針（第5次）1万人
14年2月―15年　PC・TV事業変革（第6次）5000人

この後もソニーのリストラはほとんど途切れることがなく続いた。ちなみに第6次までのリストラも並べてみる。

2015年2月にはモバイル・コミュニケーション分野で2100名の追加人員削減を発表しているので、目標削減数は総計で8万人を超す計算だ。

自身もリストラに翻弄《ほんろう》された尾上は言う。

「工場集約というけれど、相当な人員整理をするのだから実態は人切りですよ。リストラクチャリング（再構築）はいま、固定費をカットする意味で使われるようになってしまった。固定費イコール人件費ですから、イコール首切りというイメージですね。

どうしてもリストラをやらざるを得ないのならば、痛みは大きくても1回で終わらせるべきでした。ソニーのように何回もやっていると、次は自分の番ではないか、俺もいつか、と恐怖心をあおることになる。真綿で首を絞められるようなものですよ」

尾上がソニーを辞めたのは2009年3月末のことだ。役員は6月の株主総会を区切りに辞めるのが普通だが、どこかが引きちぎられるようなあの日の疼《うず》きを忘れて、新年度からやり直したかった。

すぐに横浜の電気機器メーカー「図研」の専務に迎えられる。モノ作りの飢えをどこかで満たしたい、と思っていた。

3　伝説の副社長は怒る

ソニーの「井深会館」はJR五反田駅東口から東へと伸びる八ツ山通りを少し外れた、急な坂道の途中にある。天才技術者でもあった井深大を記念し、元役員たちのサロンとして設けられたもので、ソニー歴史資料館の2階をゆったりと占めている。

東京・北品川のこの界隈は、旧本社をはじめとする「ソニー村」の少し高台にあり、ムラのはずれの高みから、ソニーの住人たちを見守っていた恰好だ。

訪問者は、エレベーターの入り口で井深の胸像の出迎えを受け、ロビーから広々としたサロンへと導かれる。そこで壁一面に飾られた27人の写真を見つけることができる。いずれも「ソニーの功労者」と認められたメンバーである。

そして、訪問者はあることに気づく。

井深や盛田昭夫、その後を継いだ4、5代目社長の岩間和夫、大賀典雄たちは立派な額縁の中から微笑みかけている。元副社長らの写真もある。

だが、6代目社長の出井伸之以降、近年の首脳たちの写真は誰一人として掲げられていないのである。

そこにくっきりとした断絶がある。かつては副社長たちがこの場所で「勉強会」と称する説明会を開き、うるさ型の顧問やOBたちに決算内容などについて報告していた。だが、出井やハワード・ストリンガーら首脳たちは創業の碑を旧本社近くの草むらに残し、2007年、東京都港区港南に建設した高さ100メートルの新本社「Sony City」に移転していった。「村」から「City」へと移っていったのだ。

ソニーOBの一人は、私の疑問にはっきりとした口調で答えた。

「井深会館の（真の）メンバーは、ＳＯＮＹの名を高からしめた人だけに限定されているからね。額に飾られるのは本当の功労者だけなんだ。だから、出井やハワードの写真はない」

その言葉にはＯＢたちのプライドと怒りが滲んでいる。井深会館は本来、「社友」（元役員）ならば誰でも利用できるのだが、ソニーを危機に導いた出井やストリンガーたちは権力者であったとしても、このメンバーとなる資格はない、というのだ。すでに顧問制度も「勉強会」も廃止され、現役幹部がＯＢの意見を聞く場はなくなっている。

額縁の27人のうち存命者は８人。最年少のメンバーは戦前の１９３３（昭和８）年に生まれ、80歳を超えた元副社長の大曽根幸三である。年齢で言えば、盛田の一回り年下である。

大曽根は千葉県市原市に生まれ、日本大学工学部を卒業した。ミランダカメラに入社したが、「ここにいても限界だな」と思い始めた１９６１年に、大学の恩師からソニー入社を勧められた。大曽根もまた中途入社なのだ。ソニーが世界初のトランジスタテレビを発売した翌年で、独創的企業として知られ始めたころだった。

ソニーのテープレコーダー事業部長やオーディオ事業部長を務め、ウォークマン、ポータブルCDプレーヤー、音楽MD（ミニディスク）などヒット作を次々と開発した。代表取締役副社長兼CPO（最高商品企画責任者）を務めた後、関連会社「アイワ」の代表取締役会長に就いている。

ソニーの歴史を「黎明期」「発展期」「収穫期」「衰退期」の4期に分ければ、「発展期」を支えた一人だ。「ソニーのモノ作りで最も貢献した人物」とも言われている。

元役員の一人は語る。

「ラジオ、オーディオ、テープレコーダー、ウォークマンなどの分野で、小型化、量産化にすべての力を注いだ純粋な現場主義者です。人間的には素朴で千葉の田舎のおっさん的なエンジニアでしたね」

彼には2つの顔がある。一つは、伝説的な技術者の顔だ。

ソニーの社史である『源流』には、大曽根と彼が率いた「大曽根部隊」の開発エピソードがちりばめられている。例えば、各社がCDプレーヤーを次々に発表してマーケットが飽和状態にあった1983年、彼らがいかにして小型化を実現したか、こんな話が記載されている。

〈「これでCDプレーヤーをやってみてくれ」と、ゼネラルオーディオ事業部長の大曽根幸三は、13・４㎝四方の正方形で厚さが約４㎝、ＣＤソフトのジャケット４枚分の厚さの木型（木片を加工したもの）を部下に示した。「中にバッタを入れようがセミを入れようが構わない。とにかく音が出るようにしてくれ」。大曽根の言葉に、居合わせた皆は思わず笑ってしまった。

大曽根の示す目標のハードルは、どれも「えっ？」と耳を疑いたくなるほど厳しく高いのだが、いつもこんな調子でユーモアたっぷりで、悲壮感が生まれない。また、明確な目標設定に木型を使うのも大曽根流である。「これくらいか」と手に取って確かめられる。そして、木型は使い手の気持ちを代弁するのだ。「技術的にまとめていくとどの大きさにできるか、じゃ駄目だ。この大きさこそ、皆が喜んで使う製品となるのだから」。大曽根の指揮の下、小型・薄型のＣＤプレーヤー実現に向け、総力が結集されたのである〉

この時、大曽根が部下に示した木型はいまも歴史資料館に展示されている。

部下に指示を出す時、彼は独特の言い回しをした。

「面白くなかったら仕事じゃねえぞ」と笑い飛ばし、「能力の差は根性の差だぞ」と尻を叩く。これらはネアカの井深直伝だ。井深は誰かが「それは無駄ですね」と漏らすとこう言い返した。

「バカ言え。個性ってものは無駄の積み重ねのようなものなんだ。一見無駄に見えるかもしれないが、そういうのが個性をはぐくむものだからな」

井深から直接、薫陶を受けた大曽根は「できない」という言葉をひどく嫌った。

「ぐだぐだ言わねえで、無理なら『私には無理です』と言え。無理なら他のやつに首をすげかえるだけで30秒もあれば足りるんだ!」

ある時は、「やる気のある者は可能から発想するが、執念のないヤツは困難から発想するんだ」と怒ってみせた。

技術者が挫折しかけると、「もうダメだと思うとそこからダメになるぞ」と励まし、いよいよ頓挫すると「失敗は闇から闇へ葬ればいい」と慰めたから絶大な人気があった。こんな言葉もある。

「良いものを安くより、新しいものを早く」

「急ぎの仕事は忙しいヤツに頼め」

「上がファジーだと下はビジーになる」

川柳もあった。

「ちょっと待て、予測データより自分のカン」

「信じるな店の声、お客はみんな評論家」

部下たちは大曽根の言葉を残しておこうと、1999年6月、『ある副社長の語録(The Words of a Vice President)』と題した計48ページの小冊子をまとめ、社内に配っている。序文にはこう記されていた。

〈彼は部下へのメッセージに「これは神のお告げ」と思え、と言う。そして「あっと驚く商品」を作ることで、「いかなる経済環境下でも利益は生める」と断言する。つべこべ言わず、与えられた目標を達成する。達成することで自信が生まれ、その自信が人を育てる、というのが彼の教育である。したがって、質疑応答などしなくても教育できる、という心が「神のお告げ」と言わしめているのである〉

もう一つの大曽根の側面は、厳しい批判者の顔である。元部長職のエンジニアが言う。

「大曽根さんは、出井元会長やハワードの経営に対して猛烈にクレームをつけました。『ソニーはモノ作りの会社なのだから製造を大切にしろ!』と訴え続けるOBです」

その大曽根は2009年に、〈ソニーよ、〝普通の会社〟にまで堕ちてどうする!〉と題する長文をまとめて公表しようとしたため、幹部やソニー広報部に衝撃を与えている。前述の尾上善憲がソニーのリストラと未来に絶望して会社を去った直後のことである。

複数の関係者によると、論文は当初、ある月刊誌が掲載を予定しており、三段組みの月刊誌スタイルで7ページに組まれていた。それは次のように、冒頭からストリンガー体制とリストラを激しく批判する内容だった。

〈ソニー株式会社はこの4月1日付けで人事を行い、中鉢良治社長が副会長へと異動する(退く?)とともに、ハワード・ストリンガー会長が社長職も兼ねるという体制に移行しました。

売上7兆円規模の大企業で、会長が社長を兼務するという事態は、広範囲な職務や権限を考えた場合、決して尋常なことではありません。

この人事の背景にあるのが、この3月期における「14年ぶりの営業赤字転落」という、いくら世界的不況下といえどもソニーにとっては屈辱的な業績悪化で、「中核であるエレクトロニクス事業の経営をストリンガーが統括することによって、経営戦略のより迅速な実施を目指して」(プレスリリース)という方針に基づいた人事というわけです。

要するに、かつてないほどの業績悪化から立ち直るために、ストリンガー会長兼社長に権限を集中して、迅速な経営が可能な体制とした。ソニーはこういっているのですが、かつて同社に在職してウォークマンを始め各種製品の開発に関わり、さらには副社長まで務めさせてもらった私としては、納得がいかないことばかりなのです。

まず最初の疑問は、なんといっても「なぜストリンガー会長・社長なのか？」です〉

そして「ストリンガーは米国の放送局ＣＢＳに30年間務めたジャーナリストで、電子機器などハード関連の技術に詳しくない」と指摘する。つまり、出井がソニー米国法人の社長としてリクルートした子飼いに過ぎないではないか、というわけだ。そんな人間がソニーでどんな仕事をしてきたのか、と大曽根は問いかける。

〈ストリンガー氏が２００５年にソニー会長に就任してからの主要な実績といえば、リストラ策を積極的に進めて収益の回復を図ったというもの。昨年12月には、エレクトロニクス部門を中心に全世界で1万６０００人規模の削減を始める、との計画を発表しています。

これでは、普通の会社が決まり文句のように使う「不況で業績不振だから人減らしする」というのと、何ら変わるところがない。普通でない会社を目指してきたソニーも、ついに〝フツーの会社〟になってしまうのでしょうか〉

論文がまとめられた2009年3月期連結決算では、2278億円の営業赤字を記録し、凋落ぶりがはっきりと目に見えてきている。CEO兼会長として責任を負うべきストリンガーがさらに絶対的な権力を握ることに、大曽根は真っ向から異を唱え、出井が採用した社外取締役制度の問題点を指摘した。

〈ソニーでは「取締役会の執行側からの独立性を強化するため」の一つとして、社外取締役制度を積極的に推進している。その結果、取締役会の過半を社外取締役が占めるだけでなく、取締役会議長も社外の（現在は）小林陽太郎・富士ゼロックス相談役が務めるという形になっています。

この制度に一定のメリットがあるとしても、はたして「ソニーとしての利益」を親身になって考える構造なのか、という疑問が私には常に存在している。何といっても「ヒトの会社」ですからね。（中略）

さらには、こうしたアメリカ的経営の特徴である株主への配当を重んじた「長期的戦略より短期間の利益重視」というスタイルが、一定時間を要する技術開発への軽視につながる危険性もメーカーとしては大問題といえるのです〉

大曽根に言わせると、この論文は「『お前たち、何とかならないのか』と社員、中でも経営陣に見せるためのものだった」という。モノ作りを極めた伝説の技術者が決起を促したのである。

この論文は、電子メールを通じてあっと言う間にソニー幹部やOBたちの間に流れていく。おまけに、ソニー社内に急増するイエスマンやエリートの群れについても言及したため、「広報の連中は飛び上がった」。

〈出井さんは技術者でないトップとして、「ボスはオールマイティーでなければならない」という強い姿勢があったため、社内の声を聞く柔軟さが欠けていたようだ。(中略)こうしたことから各職場には「上の意に添わないことをいって、仕事から外されたりしたら」という空気が充満し、直言する者がいなくなりトップの周囲はイエスマンばかりになってしまった。

製品開発には成功か失敗かの2種類しかなく、我々の時代は成功を確信して技術を磨いたもの。それが、「ソニーはとんでもない製品を生み出す」「びっくりするような商品を開発する」との評判・評価を生みました。失敗を恐れては何もできない。

ところが、現在社内の主流を占める一流大学を10番以内で卒業して入社してきたような奴は、失敗を恐れるから製品として目新しいものが出てこない。ありきたりの製品しかできなくなったわけです〉

大曽根のもとには「よくぞ言ってくれた」というメールが寄せられたが、なぜか、雑誌には掲載されなかった。

「慌てた幹部たちが奔走し、封印されたらしい。親しい広報担当社員に泣きつかれた、と大曽根さんも話していた」と元役員は言う。

その後、大曽根が「あれは発表を前提にしたものではなかった」と説明し、幻の論文となった。そのために経営陣に改革を迫る大きな力にはなりえなかった。

OBたちが残念がるのは、大曽根が論文で指摘した通り、ソニーはさらなる負の連鎖に陥り、今日にいたるまで首切りが延々と続いていることだ。大曽根自身が言う。

「企業である以上、リストラが必要な時はあるでしょうよ。しかし、2回、3回、4回とやるなんて何を考えているんだ。それはリストラクチャリング（再構築）とは言わないんだ。ただの首切りですよ」

話していると、彼は職人社会のくだけた口調になる。腹が立つのだろう。

「人間と同様に企業の治癒力などなくなってしまうし、社員も取引業者も愛想を尽かしちゃいますよね。それでお金は浮いたでしょうよ。しかし、海外企業や他社に逃れた人材は戻って来やしません。将来を考えればそれこそが本当に大事なんだ。しかし、社外取締役や外国人経営者どもにしてみたら、そんなの知ったこっちゃない！」

有能な社員たちが次々と辞めていく中、ソニーの管理職だった大曽根の長男も早期退職し、現在は海外で新規事業を目指しているという。

彼は時々、記者たちにこんな問いかけを受ける。

——ソニーの復活はないのでしょうか。

すると大曽根は「十分にやっていけますよ」と笑顔を浮かべる。ここでも井深流の楽観主義である。

「ソニーにもまだ優秀な社員がいるんだ。彼らはいま、不良社員に化けてるだけです。毎日、茶坊主やゴマスリばっかり相手にしていて、『やってらんないよ』と思っていますからね。よく『社風』なんて言うが、本当は『社長風』があるだけなんだよ。大将の一人か二人変わるだけで会社は変わる、ソニーもガラッと変わる。今からでも再起できます」

だから、大曽根はたとえどんなに株価が下がってもソニーの株は手放さないという。死ぬまで株主、そして物言う「社友」だ。

第4章

リストラ志願

2012

1　流木エンジニア

ソニーの5代目社長だった大賀典雄が「我王」と呼ばれるのは、実は2つの理由があった。一つは大賀がCEO時代にライバルの松下電機（現・パナソニック）が「画王」というカラーテレビを発売したことがきっかけだった。俳優の津川雅彦が「画国」の王に扮し、「テレビじゃ、画王じゃ！」と宣言するテレビCMは他社からクレームがつくほど反響を呼んだ。

これに対し、ソニー社内では大賀の名前を逆読みし、「松下に『画王』がいるなら、ソニーにはもっと王様らしい『我王』がいるぞ」とエンジニアたちが言い出し、あっという間に社内に広がった。

もう一つの理由は、王様のような絶対的な存在だったからである。

彼に「ダメ」と言われたプロジェクトは、エンジニアが泣こうがわめこうがダメになり、逆に彼に認めさせれば、どんな企画も生き返った。怒らせると大賀は、幹部たちが持参した試作品まで投げつけた。

顔は大きく、東京芸術大学声楽科出身の声楽家でもあったから、ライオンのように声が響く。「『ガオー』と吠えるから、我王なのさ」と社員たちは笑いあった。

　その我王が君臨したのは、品川の御殿山にあった旧本社ビル（NSビル）8階である。そこはかつて、急成長するソニーのシンボルだった。


　三角の形をしたそのフロアに、長島紳一が足を踏み入れたのは、2012年の夏も終わりに差しかかったころだった。本社移転後、この旧本社ビル全体は、「御殿山テクノロジーセンター」と改称され、大賀の執務室があった8階は、ソニーキャリアデザイン推進部の東京キャリアデザイン室が置かれている。商品設計部門外装設計部の課長だった長島は、「リストラ部屋」と呼ばれるキャリアデザイン室の一員になろうとしていた。

　キャリアデザイン室はキャリア開発室からただ名称が変わっただけの組織で、「社員がスキルアップや求職活動のために通う部署」と説明されている。2007年ごろには各事業部門ごとに置かれていたが、このころには「キャリアデザイン推進部」という独立した部門のもとにまとめられていた。いずれにせよ、社内失業したとされる社員が集められるところだ。退職勧奨を受けた中高年社員の「追い出し部屋」とも言われている。

ただ、長島がこれまでの部屋の住人と違っていたのは、自分でリストラ部屋に志願したことだった。

彼の決心は2ヵ月ほど遡って、7月31日、本社近くの居酒屋で仲間と飲んでいるときから少しずつ固まっていく。ソニーの統括管理職の一人が新たなリストラ情報を漏らしたのだ。ソニーは大企業として生き残る代償として、〝本腰を据えて〟ベテラン社員を追い出すことにしたというのである。

「来年4月からうちも管理職の役職定年制度がスタートするよ。課長職は53歳、部長職は55歳になったら、みんな統括職を解かれるんだ。例外はないよ」

「えーっ！」

2階の座敷に驚きの声が漏れた。

「つまり、統括課長や統括部長は、部下を持たないヒラの管理職に降格されるということだね」

「どういうことだ？」

「なに、なに、なに！」

集まっていた8人はみんなおじさんばかりだった。

「会社は俺たちをどうしようというんだ」

「世代交代を進める、といえば恰好はいいが、歳を食ったら早く辞めろ、ということじゃないか」

座は昏《くら》い怒りとため息で一気に荒れた。

ソニーでは課長級以上が管理職だが、部下を持てるのは統括課長、統括部長、部門長のラインで、「統括」の冠が付かない部課長は部下がいないので「ヒラ管理職」と言われたりする。たった一人の名ばかり管理職では他の部署を手伝うことはあっても大きな仕事はとてもできないのだ。

「役員連中は何を考えているんだ」という声のなかで、長島は考え込んでいた。

――もう、俺が管理職としてリベンジをする機会は永遠にないということだな。あるいは、一人のエンジニアとして、俺を生産現場に戻してくれることもないだろう。ということは、この会社で楽しい仕事に再び巡り合うことはないんだ。

彼はデジタルカメラやビデオカメラを設計する外装設計部の課長だった。54歳になっている。加飾技術開発統括課長という肩書を持っていたのだが、1年前に統括職を外され、部下を持たない担当課長に降格されていた。しかし、いずれまた統括職に返り咲くぞ、と秘かに思ってきたのだ。

彼は昇格と降格のエレベーターに交互に乗って生きてきた。東京都立大学工学部卒で、同期では最も早く統括係長に昇進した一人である。通算31年間、モノ作りの現場にいる。だが、モノ作りが国内生産から海外受注へと大きく転換した時代に居合わせたうえ、長いものに巻かれない性格がたたったのだろう。職場をたらいまわしにされたり、社内で失業したり、上司と激論したり、鬱状態になったり、左遷されたり——数えてみると、統括係長時代には7回、統括課長時代には5回、統括職を外されている。

それだけ降格すればヒラのどん底を突き抜けてしまうではないか、と周囲は疑問に思うようだが、その代わり11回の役職復活を果たしているから、何とかつじつまは合う。ある時は部下を抱えてラインに乗り、ある時は部下を奪われラインから外れたというわけだ。

ブルーレイディスクレコーダーの開発に関与した後、次のビジネス戦略を巡って、上司と正面からぶつかったことがある。最後にこう怒鳴られた。

「君にやってもらう仕事はない。すぐにとは言わないが、次の仕事を探すように！」

そのように、上司に楯突いたことはあっても失敗はしていない。ソニーではプロジェクトごとに新たなチームが編成され、仕事が終わると解体されて新たなチームに組み直される。その仕事を見つけるのもエンジニアの宿命なのだが、上司に媚びない長島はプロジェクト終了時に、しばしば統括職の肩書と部下を失った。

そのたびに奮起してそれらを取り戻してきたが、新制度では55歳で役職定年になるので、もう54歳の長島が統括管理職に復帰するチャンスは事実上、なくなってしまったのだ。


管理職の役職定年制度は、元副社長や役員たちでさえ、「一番やってはならなかった」と口を揃えるリストラ策である。2012年に新社長に就任した平井一夫は新経営方針（第5次リストラ）を打ち出したが、その過程で明らかにされた。この新制度で2013年4月から課長職は53歳、部長職でも55歳になると、みんな統括職を解かれ、部下を持たないヒラの管理職に降格される。それは単に管理職のプライドを奪い、働き甲斐のある仕事の場を奪うというだけではない。元副社長が言う。

「あれで優秀な中堅幹部までが落ち着かなくなりました。55歳までに統括部長の上の事業本部長クラスに到達していない部長、あるいは53歳までに部長になっていない課長は、いずれも管理職として終わり。不要の烙印を押されるということですよ。先々の役職を考えて開発に携わるなんて仕事になりません。給料ならともかく、プライドがある人は辞めちゃいます。そんなつもりで入ってきたソニーじゃないんだからね」

のである。

だから新制度は部課長級に深刻なダメージを与えた。これまでリストラ部屋とは無縁だと思っていた、名の通ったエンジニアや名物社員たちにも新たな生き方を迫ったのである。

そのころになって、社員たちは、だれもがソニーという大きな大きなリストラ部屋にいるということを感じ始めていた。

中でも長島はソニーで生きた31年間で、名刺の肩書が100回以上も変わっている。仲間からは、「流木エンジニア」と呼ばれていた。

それもただ、上手から下手へと流されたわけではない。研究職が製品を生み出す川の上流、そして下流に製品開発分野や資材調達部門があるとすれば、下流とされる生産技術部門から上流の光ディスク技術研究所に流れ着いたときもあるし、もがきながら資材調達部門へと押し流されたこともある。

テレビ、ビデオ、オーディオ。ソニーでは、この3つのいずれかに携わるエンジニアが「本流」と呼ばれている。長島も入社早々、ビデオテープレコーダーの開発に関与したが、それは「生産技術者」という立場からのスタートだった。設計された商品を量産するための道具立てをととのえる——つまり、量産のための装置や組み立てロボットラインの設計や運用を担当する、本流の中の裏方エンジニアである。

彼は入社早々、B5判サイズの世界最小ポータブルベータマックスやカメラ一体型ビデオレコーダー「ベータムービー」の開発製造を下支えした。それらの製品の自動組み立てシステムを企画、設計し、導入したのだ。その後、愛知県幸田工場や千葉県木更津工場でロボットを用いた組み立てラインの導入プロジェクトを担当した。ロボットとの付き合いは8年にも及ぶ。製作したロボットは100台。月産30万台規模の全自動組み立てシステムを導入するプロジェクトリーダーを務めた。

ところが、入社から10年もすると、それらの仕事はソニーの子会社や海外の外注先に移管され、「生産技術」という名前も本社事業部から消えてなくなっていった。思い返せば、このころからリストラに巻き込まれていたのだ。

木更津工場は1995年に量産が停止されると同時に、ロボットラインが解体されることになった。彼は国内生産の自動化技術者からマレーシアなどの外注生産の指導者に転身することになった。

ライン解体は週末に行われた。その日、長島は木更津工場に行って大きなハンマーを振るい、ロボットを叩き壊した。経理的に除却処理するために、ロボットラインを破壊した写真が必要だったのである。

5年間VHSを組み立ててきてくれたロボットだ。開発には苦労があり、仲間との思い出がある。そのころ、このラインを作り上げるために毎晩、午前零時まで働いていた。夢中で作業をしていると、突然、工場の片隅から仲間の野太い歌が聞こえてくる。

「わたしは〜、かえ〜ります〜」

くたびれたからもう帰宅するよ、というのだ。その「津軽海峡・冬景色」の一節で、夢中で仕事をしていたエンジニアたちは我を取り戻した。

「よーし、飲みに行こうかぁ」。そんな時代の懐かしい歌声と楽しかった時間がロボットラインには染みこんでいる。ロボットの鋳物の腕をへし折るのは、だから辛い仕事だった。

「ごめんね」。鋳物が折れる鈍い感触を受け止めながら、彼はつぶやいた。仲間と一緒に死に水をとるような気持ちだった。

多くのロボットには名前があり、担当者が付いている。例えば、幸田工場には16台のロボットが並んでいたが、それぞれネームプレートが付いていた。それは名刺半分ほどの青いプラスチック板で、「MIHO」とか「YONE」とか彫られ、白く色入れしてあった。「MIHO」は、のちに長島の妻となった同期社員の美穂の名前だ。

このプレートをつけたころ、彼は結婚の準備をしていたのだった。

そんなロボットをすべて壊して呆然としていると、工場の同僚が寂しそうに言った。

「長島さんは工場にロボットラインを持ってきた。いまそれを壊して、仕事を海外に持ち出すんですね」

悪気がない言葉とわかっていたから、ただただ本社の現実が悲しかった。

海外工場に製造を委託するということは短期的な政策としては誤ってはいない。だが、技術的には負けだ。国内で作り続ける工夫を棚上げにし、他国の安い賃金の労働者に委託する。やがてこれがニッポン製造業の空洞化を加速させていった。あまりに悔しかったので、禁じられていたのを承知で長島は壊した部品のかけらを持ち帰った。

テレビやビデオのエンジニアがスポーツカーでソニーの王道を疾走する花形ならば、長島とその部下たちは部品をリヤカーに積んで仕事を探す流木エンジニアだった。しかし、それがなんだ、という気持ちはいつもある。エンジニアは、自由で楽しく仕事ができればそれで満足なのだ。

太平洋戦争をラオス戦線で戦った元日本兵がこんな言葉を残している。

「私はメコン川を流れる小さな流木にしか過ぎない」

彼は戦後も日本に帰国せず、ラオスの独立義勇軍に参加して数奇な運命をたどっている。この元日本兵のような波瀾万丈の戦闘人生も、長島のような裏方人生も、メコンの大河や巨大企業のまえにはあまりにも卑小な存在なのだろう。だが、いずれの流木人生にも誇りがあり、束の間の輝きがあった。

居酒屋で仲間と飲んだ翌日、長島は統括職の友人のところに行って、こっそり役職定年制度の資料を見せてもらった。やっぱり、昨夜の情報は正しかった。制度実施に伴って、こんな条件が付いていた。

・1年以内に課長級の管理職が早期退職すれば、本俸の24ヵ月分を退職金に上乗せして支給する。
・退職前には、6ヵ月間の任意研修期間を設ける。研修費用は自分持ちだが、有給休暇の利用を認める。
・有給休暇を取らずに辞めた場合は、さらに200万円を加算する。

この資料でいけば、長島の場合、早期退職の上乗せ金は1500万円程度になるはずだった。どうしてもオッサン管理職を辞めさせたいのだ。彼は自分の席に戻って、心の中でつぶやいた。

「これが俺の辞め時だ。盛田さんもそう言っていたな」

長島が入社した１９８１年、会長だった盛田昭夫は入社式で１０００人の新入社員に向かってあの言葉で挑戦的に語りかけてきた。

「君たち、もしソニーに入ったことを後悔するようなことがあったら、すぐに会社を辞めなさい。人生は一度しかないんだ」

長島の机の上には、同僚が持ってきたソニーの労組のビラが載っていた。

〈テレビ事業部が早期退職者を募り始めた〉という内容である。テレビ事業部の場合、課長級が10月末までに退職すれば、通常の退職金に３０００万円が上乗せされるという。

だが、長島はデジタルカメラの設計部門に所属している。テレビ事業部から見ると部外者で、当然ながらテレビの早期退職者の対象にはならなかった。

彼が「リストラ部屋」への志願を思いついたのは、まさにその時だった。

すでに触れたように、リストラ部屋は、旧本社ビルの「東京キャリアデザイン室」と、神奈川県厚木市の「厚木キャリアデザイン室」、宮城県多賀城市の「仙台キャリアデザイン室」の3ヵ所に置かれていた。そこは、希望して異動する職場ではないし、希望する社員もいない。しかし、長島はその環境を前向きにとらえた。

——そこに飛び込んだらどうなるんだ?

リストラ部屋に所属する唯一のメリットは、各部門が募集する早期退職者にも自由に応募できることだ。本来、部門ごとの早期退職者募集は、その部門に所属する社員にしか応募資格がないが、キャリアデザイン推進部に異動していれば、理屈のうえでは、今回のテレビ事業部の早期退職者にも応募資格があるということだ。

辞める覚悟を固めたとたんに、リストラ部屋行きはカードゲームのジョーカー、あるいはワイルドカードを握ったようなものなのだ。普通に早期退職すれば加算金は1500万円程度だが、制度を逆手に取れば2倍の3000万円に跳ね上がる。そのうえにしばらくは追い出し部屋で自由な時間まで手に入るのだ。

かつて彼は「可処分所得」ならぬ、「可処分時間」という話を人事部長にして、驚かせたことがある。自分の自由になる時間ということだ。

一日24時間から食事と入浴、睡眠など10時間を除くと残りは14時間。就業に10時間、昼休み1時間、通勤往復で2時間とすれば、残りはたった1時間ということになる。一方、徒歩通勤圏に住むのがポリシーだった長島の場合は、通勤時間は往復で30

分程度だったから2時間半も可処分時間が残っている。

　会社のものではない自由な時間――これほど大事なものがあるのだろうか、と彼は考えている。そもそもソニー入社を決めたのも、当時住んでいた実家を中心に半径4㎞の円を描き、その中にあった「徒歩で行ける会社」の一つだったからだ。

2　辞めるが勝ち

「リストラ部屋」志願を思いついてから8日後、彼は所属する商品設計部門の人事部を飛び越え、知り合いの人事担当幹部に談判した。巨大組織のソニーは部門ごとに人事部が配置されている。

「いまテレビ事業部が募集している早期退職者に加わりたいのです。私がキャリア推進部に異動すれば応募できますよね」

「………」

　人事担当幹部は温和で、物事を単純に捉えようという男である。ソニーには柔軟な幹部がまだ生き残っている。彼はうなずきながら、「その手を使うか」といった表情を浮かべた。

「わかりますよ。言わんとすることはね」

本来なら認められない志願についてこう言った。

「これは前例となってしまうので即答はできませんが、そこまでおっしゃるのなら、私に任せてください」

8月20日、長島は所属する商品設計部門の人事部長に呼ばれる。

「あなたは会社員向きじゃないですね」

頭越しに話が進んだことに対する皮肉である。

「(リストラ部屋行きを)勧告されたわけでもないのに、本当にいいんですか。職場に話を降ろしたら後には引けませんよ」

「わかっています。お願いします」

それから半月後、商品設計部門の人事担当者から電話が掛かってきた。

「長島さん、朗報です」

その瞬間に上司の席を横目で見た。

「職場の方ですがね、了解がとれましたよ。二つ返事でした」

そこに、長島の肩を叩きたくてうずうずしていた上司たちの顔があった。

職場を去る日、長島は昼礼で職場の200人を集めてもらった。リストラ部屋に異動する社員は戦力外通告を受けた身だから、たいてい何も言わず職場からスーッと消えていく。せいぜい、課や係のミーティングで、「誰々さんが今度、キャリアに行くことになりました。特に送別会は開きません」という風になるのだ。だから、長島の異動挨拶はあの部屋に行く者としてはたぶん会社初だった。

怪訝そうに集まった部員たちを前に、長島は切り出した。

「このたび縁ありまして、キャリア推進部に異動することになりました」

とたんに部員たちが顔を見合わせた。「えー」という小さな驚きの声を無視して、彼は続けた。

「入社したころ、みんな運命共同体という意識を持っていました。私たちのこのソニー丸はこれから経験したことのない猛烈な嵐の海に巻き込まれていきます。無傷での突破は難しく、船体が割れ、被害者が出てしまうかもしれません。その時、皆さんを助けてくれるのは実は技術力ではありません。心と体のスタミナです。いまからこのスタミナを蓄えて暴風雨に備えてください」

リストラ部屋に行く者が残留者を励ましている。前代未聞の事態に「オー」といった声と戸惑いの拍手が起きた。花束はなかったが、庶務の女性がハンカチをプレゼントしてくれた。長島は挨拶するとすぐに退社した。

——ソニーに入社して以来、何か新しいものを求めてきた。今の職場にはもうそんなものは期待できない。リストラ部屋でしばらく生き、自分で新しいものを見つけよう。

妻の美穂もこう言ってくれたのだ。

「辞めちゃえば。辞めるが勝ちだよ。（辞めれば）会社が応援をしてくれるというんだから、好きなことを始めればいいじゃん」

彼女は5つ年下だが、早期退職では先輩である。ソニーの同期入社で、1997年の早期退職プログラムに手を挙げ、24ヵ月分の退職加算金を受け取って辞めていたのだった。

彼女が早期退職して2年後、カリスマだった井深大《まさる》に続いて盛田昭夫が逝去し、ソニーは少しずつ輝きを失っていく。後になって考えてみると、会社に神様がいて、上司が愛され、会社が楽しかった時代に、美穂は退社したのである。夫の紳一が辞めようとするころには社風は一変していた。

彼女はソニーが大好きだったが、こう考えていた。

「楽しくなったという職場で夫を働かせて、家族が楽しいわけがないな」

美穂は１９８１年春、長島とともにビデオ事業部門の生産技術課に配属されている。寺尾聰の「ルビーの指環」が街に流れていた。同期生は約１０００人。大卒の長島と高卒の美穂では入社後の研修プログラムが異なっていたから、同じ職場といっても遠い存在だった。

長島は品川に近い布団屋の、３人きょうだいの末っ子だ。小柄で理屈っぽい裏方エンジニア。都会人特有の繊細なはにかみ癖を秘めている。

一方の美穂は三姉妹の長女。天真爛漫、直感頼みで行動する、すらりとした美人である。ちょっと込み入った事情があったらしいが、高卒後に独立して妹と自活を始めている。物怖じせず、酒にも強い。午前8時まで飲んだ時にも、吐いたものをきちんとゴミ箱に捨てて帰るという女傑だ。初夏の休日には駒沢公園でビキニになって身体を焼くという、長島の日常の外にいる娘であった。

交際のはじまりは、長島が企画したスキーツアーだった。彼は体育会スキー部の出身で、ソニーの同期入社組にバスツアー参加を呼び掛けたのだ。事故を懸念する幹部に対し、副事業部長は「若い連中を信頼してあげようじゃないか」と許可してくれた。

──事故を起こしたり、不評だったりすると、副事業部長に申し訳が立たないな。

長島はそう考えて、初めてスキーを履く5人の手を取り足を取って指導した。その中で一番つまらなさそうにしていたのが美穂だった。

──何とか、「楽しかった」と言わせないとまずい。

長島は勝手にそう思い込んで、自分より大きな彼女に背を向けてしゃがみこんだ。

「僕のストックを持っていてくれないか。おんぶして滑ってあげるよ。スキーの楽しさを教えてあげるから」

長島は学生時代に部費調達のためスキー部主催でスキーバスを出し、骨折者を出したことがある。それ以来、きつい斜面にさしかかると、スキー教室の生徒を背負って降ろすことにしていた。

「長島！　クマをおぶっているみたいだぞ」

同僚はそう冷やかしたが、彼女には長島の不器用さが好ましく映った。

「なんか、かっこいいな」

2人が結婚したのは、それから6年後の1987年4月のことである。

彼らの会社人生は、「自由闊達にして愉快なる理想工場」を目指したソニーの急成長と落日に重ね合わせることができる。

美穂は98年3月末までの17年間、ビデオ事業部門で部長秘書や庶務担当として働いた。社内にいたずらやユーモアがあふれた時代だった。

ビデオ事業部門の当時の企画管理部長は、仙台銘菓「萩の月」が好きで、仙台出張の部員はそれを買ってくるのが習わしになっていた。その日も、部員が出張土産に「萩の月」の大箱を買って戻り、同僚たちに配っていた。ところが、席を外した部長が戻ってみると、大箱の中は空っぽだった。不機嫌な上司の声が響く。

「おい、俺の分はないのかよ？」

すると、美穂がお嬢様を気取って言った。

「ちゃんと取っておきましたから、見つけてごらん」

20人の部下たちはくすくす笑っている。視線が天井に集まっていた。そこに浮いているのだ。カスタードクリームをふんわりと包んだ黄色のカステラ饅頭が。部長席の天井に美穂がガムテープで張り付けていたのである。

課長の海外赴任が決まった際には、中華街に「月餅」を買いに行って細工した。月餅は課長の好物だ。課長がフロアで異動挨拶を終えると、彼女は花束をプレゼントした。

「今までありがとうございました。これは私たちが差し上げる金メダルです」

そして、リボンを付けた直径18㎝くらいの月餅を、優勝メダルのように首にかけてあげた。

「リカちゃん電話」を職場で流行らせたのも彼女だ。上司の机の上に、不在時にかかってきた電話メモがあった。上司がメモに気づいてその電話番号にかけ直すと、女の子の声が流れる。

「こんにちは。わたし、リカです……」

その番号は、リカちゃんの声が聞けるテレフォンサービスなのだった。驚いた上司が顔を上げて睨みつけた先に、忍び笑いと社員たちの笑顔があった。

3　同志たちよ

再出発の空は、くっきりと晴れていた。

２０１２年９月18日朝、長島紳一は北品川の自宅から歩いて御殿山の旧本社ビルに向かっていた。彼は外装設計部課長の肩書を自ら捨て、キャリアデザイン室に飛び込もうとしている。この日が初のリストラ部屋出勤である。

まず職場オリエンテーション。８階会議室に行くと、10人ほどの仲間がいた。部屋の住人はどんどん入れ替わっていく。「卒業」という名のリストラが終わると、次の要員がこの部屋にやってきて束の間の住人となり、いつの間にか消えていく。長島の「リストラ同期」はこの10人ということになる。

前述したとおり、この部屋を「ガス室」と呼んだ社員たちがいた。社員としての命を奪い、戻って来ることができないという意味だ。

——しかし、逆手に取れば、ここは自分のキャリアとプライドを生き返らせる場になるはずだ。

長島はそう信じようとしている。

「みなさん、ここは午前9時から午後5時半までの定時勤務です。フレックスタイムではありませんので、どうかお間違いのないようにお願いします」

人事担当者が説明を始めた。４人ほどの人事部員と２人の庶務担当が東京のリストラ部屋を担当するのだという。

「食堂が隣のビルの5階にありますが、食事補助などは出ません。昼休みは午前11時40分からです。パソコンはお持ちですね。なければお貸しします。湯沸かし室はそこで、トイレはもうおわかりでしょうが、あそこです」

当然のことのように名刺は用意されていなかった。遠からず会社を辞めてもらうのだから、もう必要ないというのだろう。これから必要なのは、会社の名刺ではなく、履歴書や職務経歴書だと人事部は言いたいのかもしれない。

自分の名前を記した紙が張ってあるところに座るように指示され、オリエンテーションは30分ほどで済んでしまった。仕事の説明は何もない。10人の同期社員の席はバラバラに振り分けられている。

――なるほど、会社として指示することはないんだな。建て前としては再教育。社員のキャリアを推進するという部署だが、内実は自分の力で職場を探せという仕組みだ。ある意味で自由闊達な個人実力主義。そして究極の放任主義だ。

勇んで乗り込む職場ではないと覚悟はしていたが、長島はしおれかかる心に、「頑張れ、シンイチ」と言い聞かせた。

物音ひとつ聞こえない不思議なフロアだった。大賀の使っていた部屋が8階の真ん中にあって、フロアは大きく2つに区切られ、通路はちょっとした迷路のようになっている。部屋に入ると5人掛けの長い机がズラリと並んでいる。その机の上を低いパーティションを置いて仕切っていた。その後、人数が一時約150人にまで増えると、とうとうパーティションの数を増やして6人掛けにしたという。満員だったのである。

——これが、社員たちが絶対に行きたくない、と言っていた部屋なのか。

なにやら勉強している女性がいる。語学をやっている30歳代の社員、ヘッドフォンを着けた中年、高校生のようにテキストブックを開いている人。ひたすらネットサーフィンをやっている社員もいた。仕事はないのだ。

「いや、どうぞよろしく」

パーティションの両隣に小声でささやいた。それが沈黙の部屋の挨拶だった。

着席するとすぐに、54歳の自分より若い社員がたくさんいることを発見して、軽い驚きを感じた。入社10年ほど、35歳前後という者もいる。配属された職場自体がリストラでなくなってしまった、という社員も少なくない。

何年もこの部屋で頑張っているという人もいた。50歳代とおぼしき女性は、定年までこのリストラ部屋に住み続けた。彼女は寡黙で口を開かなかったから、その気持ちはわからなかったが、長島がソニーを退職した後、品川のハローワークでその女性を見かけた。相変わらず、きりりと口元を一文字に結んでいる。

——おお、同志よ。

声を掛けそうになってしまった。それぞれが孤立しながらも、懸命に生きている。

「ソニーリストラ村」の住人はもちろんベテラン社員が多い。50歳代がざっと半分で、続いて40歳代。30歳代も1割近くいたようだった。

実態が正確につかめないのは、情報交換の仕組みがない部署だからだ。「あんたたちは、就職するところを早く決めて、とっとと出ていきなさい」という部屋なので、仕事もミーティングもなければ、連帯感もない。第1章で紹介した居酒屋「目黒川」のような例外も人と時期によってまれにはあるが、「帰りに一杯」ということは普通はないのである。人事の庶務担当者から来るのも、最低限度の伝達事項とか、「戸締まりができていなかったから気を付けてください」といった程度の連絡で、それもほとんど電子メールでの伝達だった。

——30代から40代の社員はなかなか決断できないだろうな。彼らの場合、早期退職金といっても、2、3年分の年収が上乗せされるくらいのものだから。結婚でもしていようものなら、とてもじゃないけど辞められない。

部屋には、不安とわずかな希望、焦燥が濃密に満ち、それを見守る人事部側には同情と倦怠の色がある。暇を持て余し、ひねもす新聞を読んでいる人事部幹部もいた。

ソニーの社員には独特の色がついている。ソニーを辞めた長島が仕事でタイに出張した際、機内で設計者と乗り合わせた。声をかけたら、やっぱりソニーの社員だった。

「僕は医療機器の設計者で、1年ほど前に（大手企業から）ソニーに転職してきたんですが、こんな会社だとは思いませんでした。失敗しました」

リストラされた長島が言葉を失うほど後悔していた。


昼になった。だが、社員食堂に行く者はいないようだった。弁当持参か、外に食べに行くか。社食に行かないのは、昔の仲間に会うのがつらく、面倒だからだ。同僚が言うことは決まっていた。

「あれ？　本社にいたんじゃないの。どうしたの。こんなところで」

「今、どこの職場にいるの？」

そう聞かれて、「キャリアなんだよ」と答えると、会話は続かない。

「お払い箱だよ」という言い訳や、会社の悪口は言いたくないのだ。

しかし、「リストラ部屋」に送り込まれた人々は、役立たずばかりなのだろうか。

ソニーの広報部は彼らを「職場とミスマッチの人たち」と言う。在籍した元管理職によると、ぶつぶつと始終つぶやいている社員もいた。その声がだんだん高くなり、それが奇声に変わって、人事部員が「ほかの人に迷惑になりますよ！」とブロックする。そんな光景もあった。

だが、それは例外的だ。「リストラ部屋行き」という人事評価は、上司たちが会社業績に沿って下した一時的な判断に過ぎない。後述するが、リストラ部屋に在籍した社員はのべ数千人に上る。それだけの人々が無能ぞろいだったわけがない。部下の個性と能力を知り、その業《わざ》を生かすのが管理職や会社の仕事だ。リストラ部屋行きを通告することで、その務め自体を放棄しているのだ。

異動から1週間後、長島は社内の友人に次のようなメールを送った。

〈旧本社ビルに引っ越しして1週間が経ちました。こちらの生活は極めて快適です。毎日午前9時から午後5時半の規則正しい生活を送っています。

この職場は大きく分けて2通りの人たちで構成されている様に思います。退職を決めて、転職に向け活動している人たちと、会社に残った方がいいのか、思いきって早期退職に応募した方がいいのか揺れている人たちです。

退職願が受理されると転職斡旋会社のサポートが受けられます。これは5社の中から選択が可能で、費用は会社が負担してくれます。退職以降も就職できるまでそのサービスを受けることができます。私は独立起業支援サービスも行っている「パソナ」を選びました。２０１０年以降で４００名以上のソニー退職者を扱っているとのことで、そのうち約17％の人が年収1000万円以上で再就職を果たしているそうです。最高額は1800万円でした。

進路を決めかねている人たちは気の毒です。特に早期退職のプログラムが始動すると悩みは深くなります。自ら時限爆弾を抱えこみ日々を送らなくてはなりません。

今は私が所属する特殊な職場内でのことですが、近々社内全域に広がってゆくと思われます。皆さんも自分の進む道、今のうちからよく整理をしておくことをお勧めします。

選択肢はいくつ用意できるのか。そしてその選択はどのようなロジックをあてはめて決めるのか。この選択肢と選択のアルゴリズムを用意しておく必要があります。後悔はその後の人生を暗転させます。あのときの判断に誤り、迷いはなかったという絶対の自信が持てるよう準備が必要です〉

長島がキャリアデザイン室に転じたころから、かつての仲間との送別会が始まった。

これまで社内で流木のように職場を転々としていたため、社内中に仲間がいて、送別会は20回以上に及んだ。デジタルカメラ外装設計部内のメンバー、外装設計部の公式送別会、研究所の仲間、入社当時からの先輩や友人、同期社員、ロボットラインを立ち上げ、壊した木更津工場の当時のメンバー……。それぞれの送別会で二次会、三次会と渡っていったので宴席の数は数えきれなかった。

その場で、長島は言った。

「みんなも早くこっちにおいで。思い切ればこっちはいいよー」

10月31日。長島紳一がいよいよ出て行く日がやってきた。

——このまま会社にしがみついていても、降格や減給、転出、解雇、叱責、白眼視と、おびただしい不安に包囲され続けるだけだ。

そう考えて、長島が外装設計部からキャリア推進室へ自ら飛び込んで44日目のことである。

会社に30年以上も勤めると、退職の日ぐらいは賑やかに再出発の門出を祝ってもらえるものだが、「キャリアデザイン室」では、そうはいかない。一人でそっと旅立つ——通称「リストラ部屋」では、これが当たり前の風景になっている。

部屋の住人たちが送別会を催してくれた時代もあったのだ。だが、キャリアデザイン室の人事部員は姿を見せない。住人たちから送別会に誘われた部員は言った。

ろう。

「皆さんたちでどうぞ」

此岸《しがん》で管理する人事部員が、彼岸《ひがん》の住人の催しに顔を出すわけにはいかないのである。

午後4時過ぎ、彼はソニーの社員証や家族全員分の健康保険証などを封筒に詰め、封印した。社員証には美穂との思い出が籠もっている。

ある日、気づくと、長島の社員証の顔写真のところにオコジョの写真が貼ってあった。オコジョはイタチの仲間だ。彼は全く気づかずに数ヵ月間、毎朝、守衛所前でオコジョの社員証を見せ、職場で胸に掲げていた。美穂のいたずらだった。後ろ足で立ち上がって警戒する様が長島に似ているというのだ。

もうあんな恥ずかしいいたずらをされることもないだろう。彼女は自宅から自転車で5分ほどのところにある大学生協で働いていた。娘と3人の生活を大事にしたいから近所で働くのだが、それもこれからは計算できる収入だ。

実は、長島が退職金や加算金をもらっても住宅ローンや借金で2000万円は消えてしまう。娘の教育費にかなりかかることを考えると、1000万円ほどしか余裕はないだろう。のちに取材に来た民放関係者は「生活は大丈夫ですか?」と心配して帰った。妻にも苦労をかけるが、その代わりにこれからは毎日、一緒にいられる。

長島は最後の日もポロシャツにチノパン姿だった。

「さよなら。お世話になりました」。近くの席の仲間に挨拶すると、小さな声で言葉が返ってきた。

「ああ、今日で終わりなんですか」

「お元気で……」

リストラ部屋の同志の多くはまだ退職の決断ができないでいる。明日もまた不安を抱え、仕事のない日々が続くのだ。キャリアデザイン室の人事担当者と最後の面談をして、社員証入りの封筒と退出許可書を交換した。

「ありがとうございました」

「長い間のお勤め、ご苦労様でした」

何十人に繰り返されてきたのだろう。儀礼的な挨拶だった。

それが31年のソニー人生の終わりに、会社側から掛けられた言葉だ。

午後5時半、最後の定時勤務を済ませると、長島は名札を裏返し、リストラ部屋を出た。大好きだったソニー。去りがたく、その足は隣のビルに向かっていた。両手に大量の菓子を詰め込んだ袋を抱えている。そこに、かつて長島が在籍した光ディスク技術研究所の同僚たちが働いていた。

「今日でお別れだ。これはお土産……」

去りゆく者が餞別を残すのも変なのだが、ソニーの食堂で使うカードに残金があったので菓子を買いこんだのだった。言葉に詰まってもじもじしていると、後輩たちが声を掛けてきた。

「長島さん、ソニー社員最後の宴会をやりませんか」

五反田駅近くの居酒屋で短い宴会を楽しみ、午後7時前に帰宅した。

――シンイチ、早期退職を後悔したらアウトだぞ。辞めたのは失敗かな、と思っちゃいけない！

長島は自分にそう言い聞かせている。マンションのドアを開けると、妻と一人娘が笑顔で出迎えてくれた。娘は中学2年生だ。きれいに片づけたテーブルの上にケーキの箱を運んで来る。

「パパ、長い間、おつかれさま。それからありがとう」

箱を開けると、ケーキの上に同じ言葉のプレートが載せられていた。ソニー卒業を心底ねぎらってくれる者がここにいる。不意に涙がこぼれそうになった。

――家族が俺の力だ。その力があるからこそ、昇格と降格を12回も繰り返す流木生活に耐えられたのだ。

長島はソニー退社と同時に、〈早期退職を考える人たちへ〉というブログをスタートさせた。そのタイトルの下に、〈早期退職が盛んな日本の製造業。去るか、残るか悩んでいる人たちへの参考として私の経験を伝えます〉と書いた。

――考え直す時期じゃないの。しがみつくことから一歩外に出てみたらどうですか。

不安を抱えて会社に残るサラリーマンに呼びかけたのだった。反響は大きかった。立て続けに、ソニーの社員が４人も５人も辞めた。

「あなたのブログを見て決意を固めました」というのである。

第5章

マイレージ、マイライフ

2012－2013

1 「車載一家」の離散

話は少し遡って2012年7月、夏の盛りのことである。

車載機器（カーエレクトロニクス）事業部、通称「車載一家」と呼ばれる社員たちが、本社から2キロほど離れたソニーシティ大崎の会議室に集められていた。全社員対象の説明会を行うというのだ。

その列の中に車載機器事業部のチームリーダー・岩出勝彦がいた。課長職である。時間差を置いて、岩出の3年先輩にあたる田中栄一も会議室に現れた。こちらは車載機器事業部第3部の担当部長だった。

岩出らは人事部から衝撃的な発表を聞いた。それぞれの部門から一律に3割の人員を削減するという。

「ええっ」というどよめきがあがった。この中の10人に3人までが職場を追われるのだ。情報漏洩を恐れてのことだろう。文書は配布されず、100人から200人ほどのグループに分けて説明は行われた。

「資産見直し」を理由に、ソニーは化学事業や不動産などを次々に売却すると発表していた。研究開発の拠点の一つだった「ソニー村」のこの高層オフィスビルも、翌2013年2月には売却されることになっている。リストラ発表にふさわしい場所ではあった。

「ソニーは大変厳しい状況です」

と人事の責任者は繰り返した。言葉を選んでいるのがよくわかった。

「削減しないと会社はやっていけません。早期にお辞めいただく場合は加算金があります。ここにいる皆さん一人ひとりに真剣にお考えいただきたいのです」

溜め息の中に、エンジニアの不安と歯ぎしりと悲しみが満ちている。

——モノが作れないだけでなく、エンジニアも企画マンも管理職も一斉に辞めろと言っているのか。

岩出は思わずうつむいてしまった。

花形だったテレビ事業は、2012年度も赤字だった。これで9年連続赤字を出し続けており、長いトンネルから抜け出せずにいる。だが、車載機器部門は、ほとんど赤字を出したことがないのだ。花形のテレビやオーディオ、ビデオの陰にあって、ソニーのカタログでは最後のページにひっそりと紹介されてきた。しかし、「車載一家」と呼ばれるエンジニアたちは独自の開発によって多くのファンを抱え、コンパクトディスクやナビゲーションという新たな製品を得て、一時は事業本部へと格上げされたこともある。

岩出や田中はその一員であることに誇りを持っていた。同僚たちの中にも、「黒字を出してきた自分たちも犠牲にならなくてはいけないのか」という思いがある。パナソニックなどは車載部門に力を入れ、稼ぎ頭の一つに成長させている。だが、ソニーは早々に見切りをつけ、一時期、車載部門の売り上げを支えていたナビゲーションシステムの製造中止も決めていた。

「おれたちはこれから何をやるの？」

仲間たちの愚痴が耳に入っていた。

帰宅した岩出は一人で考え込んだ。彼は職場結婚の妻と別れ、一人娘に養育費を送っている。

——年齢から考えても、俺はターゲットにされているな。

「全社員の３割を削減する」という会社側のその言葉は、自分に向けられているのだと、岩出は考えていた。

あと３年で50歳になる。同期のトップは統括部長だが、自分は管理業務より現場を選び、まだ課長職にとどまっている。出世を望んだとしても、リストラの続くソニーは管理職ポストが減り、自分の上のポストは詰まっているのだ。

一方の田中は49歳。翌年には管理職の役職定年制度がスタートすることになっており、部長職は55歳になれば統括職を解かれることになっている。彼らは長島紳一と違って、その人事情報をまだ入手していなかったが、ここではもうやりたい仕事ができないのはわかっていた。

田中は「ソニーは開拓者」で始まる文章が好きだった。それはソニー・スピリットを体現した言葉で、もともとは１９７０年代のソニーの会社案内にあった記述だった。

〈ソニーは開拓者。その窓は、いつも未知の世界に向かって開かれ、はつらつとした息吹に満たされている。人のやらない仕事、困難であるために人が避けて通る仕事に、ソニーは勇敢に取り組み、それを企業化していく。

ここでは、新しい製品の開発とその生産・販売のすべてにわたって、創造的な活動が要求され、期待され、約束されている。ソニーに働く者の喜びは、このこと以外にない。めいめいが、自分の力をぎりぎりまで問いつめ、鍛え上げ、前進していく。同時にそれが、たくみにより合わされ、編みあげられていく。

開拓者ソニーは、限りなく人を生かし、人を信じ、その能力をたえず開拓して前進していくことを、ただ一つの生命としているのである〉

しかし今、ソニー・スピリットは生きているのか。冒険的な新製品やリスクのある製品を作ろうという雰囲気は消え失せているじゃないか。

田中は一人で3週間ほど悩み抜いた末に、1つ年下の妻に打ち明けた。

「会社を辞めようと思うんだ」

「あなた、辞めてどうするの！　何をやるのよ」

「自分で何とかするよ。会社はこれからどうなるかわからないし、このまま会社員を続けるほうがリスクが高いと思うんだ」

ダイニングテーブルを挟んで、妻の声が少しずつ高くなっていった。彼女は神奈川県厚木市にあった音響機器事業部時代の同僚である。

「子供の進学もあるでしょ。私たちはこれからどうやって暮らしたらいいの？」

「会社を辞めても、個人で仕事をしてなんとかやっていくつもりだ。家族の生活は俺がきちんと保証するよ」

「でもそんな事を言われても私は不安だし、反対です。辞めないでください」

「不安なのはわかるけど、俺を信じて付いてきて欲しいんだよ」

「…………」

　岩出や田中はバブル末期の入社である。特に岩出は学生時代にアルバイトでソニーのオーディオセットを備えた中古車を買い、盛田昭夫に憧れていた。バブル崩壊直前の１９９０年、「車載機器部門に配属してください」と陳情してソニーに入社している。以来一貫して現場にこだわり、商品設計を離れた後も、カーオーディオの商品企画に携わってきた。

　車載一家には、岩出たちが忘れることのない熱気や興奮があった。

　16年ほど前のことだ。田中は夕方、ソニーの車載機器事業部を飛び出したまま、深夜になっても戻ってこないことが何度もあった。

「エイイチさん、また親父さんに捕まったんじゃないの」

「うん、こりゃあ、店に拉致されてるな。みんな彼を待っていることはないよ。帰ろ、帰ろ」

　同僚はそんな雑談を交わして帰宅してしまった。田中は未明どころか、朝方に疲労困憊の体で会社に戻ってくるのだ。ただしニコニコ顔で。休日の前日には取引先で夜通し飲み明かし、そのまま泊まってしまうこともあった。

——本人も内心、楽しんでいるんだ。

岩出はそう考えていた。

ソニーはこの1996年、最高級カーオーディオシステム「XESシリーズ」を開発していた。会長に就いていた大賀典雄の肝煎りでソニーの各事業部門はそれぞれ会社創立50周年モデルを売り出すことになっており、車載機器事業部門のモデルは、基本システムだけで税抜価格が127万円もするXESシリーズだった。車に取り付ける費用や税金を含めると300万円近くする。「パリ・オートサロン」（モーターショー）のカーオーディオ部門でグランプリに輝き、「デジタル技術を駆使した究極のハイファイカーオーディオ」として絶賛された、マニア垂涎《すいぜん》の名機だった。

岩出はそのスピーカーの開発を担当した。33歳だった田中はCDプレーヤー開発、中でもCDから再生された信号を処理する分野を任されていた。さらに田中はプロショップと呼ばれるカーオーディオ取り付け専門店の窓口役も任され、店の問い合わせに24時間応じる携帯電話を持って、売り込みに各地を回っていた。

売れなかったわけではない。取り付け専門店の主となると、たいていは狂の付く車好き、オーディオマニアだ。そのうえ、XESシリーズは車を1台ずつ大改造して取り付けるから、１セット当たり50万円前後の利益になった。車を好きに改造できて、しかも儲けになるのだ。店主は凝りに凝ったＸＥＳの説明に食いついて田中を離さなかった。客に披露する新知識を仕入れることは即、売り上げ増にもつながるのである。

「田中さん、ＸＥＳがタイムアライアメント（時間制御）できるってどういうことよ」

「右ハンドルにしろ、左ハンドルにしろ、車の中ではホームオーディオのように左右のスピーカーの真ん中に座って音楽を聴くことはできないじゃないですか。でも、このモデルは音声信号をデジタル信号のまま処理できて、それぞれのスピーカーからリスナーまでの到達時間を距離によって調整できるんですよ」

「音の到達時間を制御できるってこと？」

「音を早めることはできませんが、到達時間を遅らせることができるんですよ。だから、それを使えばコンサートホールの中央で聴くような歯切れのいい音にセットできるんです」

田中も小学生のころからのマニアで、大学時代には中古のシビックやアコードを手に入れ、そこに自分でケンウッドのカセットプレーヤーを取り付けていた。店の主人が彼を離さない様子を、田中は「拉致される」と同僚たちに説明していたが、その表情は嬉しそうだった。

「こだわっているよね。ボリュームの操作感覚もしっとりとしている。今日は泊まっていって！　近くにホテルも取っているからたっぷり説明してもらうよ」

「わかってくれます？　嬉しいなぁ」

そして、果てしないオーディオと車談義が始まり、店側が予約していたホテルに寄ることもなく、事務所や居酒屋で飲み明かしてしまうのが常だった。

それを仲間の岩出はうらやましいと思っていた。

技術者の喜びはオリジナリティーあふれるもの、もっと言えば世界初のものを好きなように作ることだ。多くの場合、時間的、金銭的、政治的な制約があり、その中で工夫を凝らすことになるが、田中や岩出たちにとって、XESはそれらの制約を取り払った、最もソニーらしい製品だった。

そんなとき、技術者は残業時間や賃金などどうでもよくなる。そのために遅くなろうが、寝不足だろうが気にしないのだ。

また、田中と話し込んだ店の主人らがそうであったように、店側もただの売り切り商品とは違う、精魂を傾けた設計者の顔が見え、伝聞ではない情報を手に入れることで自分なりの特別感を得る。そして、商品に惚れ込んだ店主たちが今度は客に向かってソニー製品の素晴らしさを熱く語るのだ。

ソニーのエンジニアとプロショップ、あるいは客も、そうした関係でつながっていた時代があった。

3割削減を打ち出した会社側は、説明会の翌日から個別面談を始めた。担当の統括部長が社員と一対一で会い、やんわりと退職を迫るのだ。

「君はこの間の話をどう受け止めているかね」

「会社が厳しいのはわかりました。しかし、テレビの赤字をどうして自分たちのリストラで埋めなくてはいけないのか、という気持ちもあります」

岩出がそう言うと、統括部長は、「俺も困っているんだよね」とため息をついた。

「生産部門だけでなく、企画部門にまでこんな（リストラ）要請が来たのは初めてなんだよね。自分もどうしていいかわからないんだ」

正直な上司だった。9ヵ月後には、この部長自身が早期退職に追い込まれている。会社から見ると、すでに退職候補者の一人であったのかもしれない。会社はそうした人間にも非情な通告を強いた。

「これは決定事項ではないけど（早期退職を）考えてもらいたいんだ。9月末までの退職申請だと退職加算金も再就職の支援活動もあるしね」

面談は15分足らずで終わった。上司の話を拒否すれば「キャリア開発室」に送り込まれる。のんびりした岩出にもそれはよくわかった。自ら配転先を探したが、他の部門も「3割削減」を迫られ、リストラ要員が数少ない配転先に殺到していた。

追い詰められた岩出は早期退職期限が迫った9月中旬、人事部に「退職3点セット」と呼ばれる書類を受け取りに出向いた。退職願と退職加算金申請書、そして退職後の秘密保持契約書である。前章で紹介した長島紳一がリストラ部屋に入った時期と重なる。

「姥捨て山」とも「追い出し部屋」とも言われるキャリア開発室で退職を拒み頑張るほどのしぶとさを、岩出は備えていなかった。一方で、「俺は会社から捨てられるような人間じゃないはずだ」とも考えている。世界一のXESシリーズを送り出したエンジニアのプライドも捨てられなかったのである。

一方の田中は2ヵ月間、妻と激しく衝突していた。主婦として先が見えないことほど不安なことはない。夫には夢よりも現実を見据えてほしいのだ。退職を認めてくれない妻に田中はこう懇願した。

「頼む。会社を辞めさせてくれ！」

するると、根負けした妻がこう言ったのだ。

「わかりました……どうしても辞めたいのなら、もうあなたの好きにしてください」

田中はホッとした。同時に「よし」という高揚感と漠然とした不安で身が引き締まるような感覚を覚えた。

田中が辞めたのはその年の11月。岩出は10月だった。

その岩出は前妻にメールを打った。ソニーを辞めたということ、そして娘の養育費は退職加算金で完納するということを、正直に記した。

前妻は「何かあったのですか、希望退職で良い条件があったのですか」と尋ねてきた。彼はこう応えている。

〈返信ありがとう。22年半もSony Car Audioで暮らしてきたのだけれど、残念ながら、12年度で車載事業自体、撤退し、部署解散の模様です。あと、私の専門分野である、オーディオ事業も縮小傾向であり、居場所が無くなったのが実情でしょうか。

正直、これ以上ソニーにしがみついていても、人生計画的に、いい目は無さそう。それよりも、まだ、動ける間に、新しい道を見つけたいと思いました。

あの子も、もう高校卒業ですね。いつ会っても、明るく健やかに成長していて、あ

なたには本当に感謝しています〉
しばらくして、受験を終えた娘からも短い返信をもらった。
〈ありがとう。お父さんも頑張ってください〉
ほんの少しだが、心が軽くなった。
こうして、ソニーDNAを受け継いだ車載一家は一人ずつ散っていこうとしていた。

2 帰任拒否

第1章でとりあげた品田哲《あきら》もまた、ソニーらしいエンジニアの一人に数えられている。要は変人である。家でも会社でも好きなことをしていたいという質《たち》で、深刻な顔を見せたことがない。眼鏡の童顔のなかにおっとりとした笑顔を浮かべている。その品田も「車載一家」の人間だ。

32年間の会社人生の大半を車載機器事業部門で過ごした部長職なのだが、挨拶は「ども!」(どうものつもりらしい)と軽いし、人の話を聞かない。身勝手のようで面倒見はよく、かつての部下だった田中栄一や岩出勝彦が会社を辞めたことを知ると、あれこれ仕事を振ってやろうとしている。

酒は飲まないが普段から座持ちが良く、声を荒らげることがないので、女性社員にも人気があった。映像技術はプロ並みで、不思議に美人社員たちと親しくなって写真を撮ったり、身の上相談を聞いてやったりしている。

亡くなった父親は早稲田大学文学部の名誉教授であった。そのためか、西洋文学に造詣が深く、フランス語も得意だ。もっと上手いのは、リコーダーや木管古楽器フラウト・トラヴェルソの演奏で、時折、演奏会を開いている。大学の臨時講義に招かれて、フランス語で煙に巻き、フラウト・トラヴェルソを吹き出して学生の度肝を抜いたこともある。近頃では、「穴があるものなら何でも吹ける」と言っている。

品田は会長兼ＣＥＯだった出井《いでい》伸之にも評価されていた。その指名を受けて、ＮＢ（ニュービジネス）部長に就き、トヨタ自動車と共同でＩＴコンセプトカー「ｐｏｄ」を開発したのだった。

彼は２００７年７月、ソニーと電通が出資する総合広告会社「フロンテッジ」に、「先端コミュニケーション・ラボ・ディレクター」（部長職）として出向した。新規のモノ作りが許されない本社の閉塞感が耐えられずにいた時、かつての上司だった白水《はくすい》哲也から「広告業界で君の技術を生かしてみないか」と誘われたのだった。翌年にはビルの地下1階に50平方メートル近い研究室を与えられ、3D宣伝広告などを手がけていた。

東京の新橋駅から5分ほどのその出向先に本社人事部の女性がやってきた。出向してから5年後の2012年10月23日、火曜日のことである。車載一家の田中や岩出が早期退職を迫られていたころである。

午後1時過ぎ、品田が5階のミーティングルームに顔を出すと、見かけない中年女性が待っていた。身長は155センチほどだろう。細身というよりは子供体型の部類に入る。化粧の薄い小顔で、長い髪を無造作に結わえていた。

「あれ？　いつもの方ではないのですね」

品田は人事の定例ミーティングと聞かされていたのだ。

「はい、担当が代わりました。これからよろしくお願いいたします」

吉松こころ（仮名）という。人事マネージャー職として、グループ会社への出向者を含め、約450人の社員を担当していた。品田も担当の一人である。フラメンコをずっと習っていて、ショートヘアにするわけにはいかないから引っ詰め髪にしているだけなのだが、素っ気ないその髪型のわけについて彼に話すのはかなり後のことである。

「初めまして」と挨拶をすると、「品田さんを存じ上げてます」と彼女は言い出した。

「私、ソニーユニバーシティの事務局にいた時期があるんです。そこで品田さんをお見かけしています。トヨタとの交流会のときでしたっけ。近藤哲二郎さんやいろんな変わった方のことをよく知ってますよ」

ソニーの中に経営幹部を養成する「Sony University」という研修組織があったことは触れた。品田は自動車ビジネスの講師として、人事部員の彼女は入社2年目からソニーユニバーシティの設立準備や運営に携わっていた。

「それじゃあ、まるで私も変わっているみたいではないですか？」

「そう聞いていましたが」。彼女はうふふと笑顔を深くした。それを契機に品田の眼を見つめ、すっと本題を切り出した。

「どうですか。ここフロンテッジに出向されて5年ですが」

「こちらに来てまったく悔いはないですね。仲間に話を聞くと、本社にいなくてよかったと本当に思います。そういえば女性社員がね、『席の幅が狭くなった』とこぼしてましたよ」

経費節減のために、このころソニーは自社ビルを売ったり賃貸ビルから出たりしている。そのために、本社に社員を集めざるをえず、人が溢れてしまったのだ。課長以下の執務机は一人135㎝の幅にまで狭められてしまったという。以前はパーティションで区切られた机の幅がその倍はあったので、「俺は腹が立って実際に測ってみた」という社員もいた。

「そうなんです、統括部長もひな壇ではなくなりました……」。執務スペース確保のために、統括部長の席を窓際の「ひな壇」からヒラ社員が並ぶ列に加えたのだった。

「私の同期の一人は統括部長ですが、やはりひな壇でなくなったので、隣にいる部下のすぐそばで、その部下の査定をしなければならないと苦笑してました」

「昔の職場のような活気はなくなりましたね」

また、本社ビルのエアコンは節電を理由に、午後6時に切れるようになっていた。リストラが進んでいるため一人当たりの仕事量は増えているから当然、残業を迫られる。冬など、女性社員は寒くて仕方ないので、ひざ掛けだけでなく、コートを着たり、毛布で体を覆って仕事をこなしたりする。

品田の顔見知りの女性社員は「寒い日の残業はもう地獄ですよ！」と嘆いていた。

「あなたも（本社が）変わったと思うんですか？」と品田は尋ねた。

「私は人事が長いんですよ」

そう答えながら、彼女はさりげなく話題を移した。

「最近はリストラ勧告の仕事ばかりです」

それが本題なのかもしれなかった。その言葉につられたわけではないが、品田はあっさりと言ってしまった。

「そうですか。わたくし品田は『本社帰任せよ』となったら辞めますよ。その節はお世話になります」

笑みを浮かべながら、品田は本社の風景を思い浮かべた。同僚が「上司たちは最近、『結果を出せ』としつこく言うようになった」と怒っていたことを思い出したのだ。その同僚はこう言った。

「でもさ、その結果とは、上司が自分の部署をつぶされないためのモノ作りだったり、ウソに近い事業計画をパワポで作ったり、そんなことだったりするよ。あるいは他社の後追い商品を作ることだったりね。そんなありきたりの製品作りに燃えるエンジニアなんていないよ。チャレンジさせてくれない職場だと、苦しくなかった仕事が苦しくなってくるんだ」

そんな本社に戻ってどうするんだ、という気持ちを品田は隠さなかった。

「そうですか、ソニーも変わった人がどんどんいなくなりますね」

「僕らのような出向者にも、早期退職プログラムがあるんですよね？」

「あると思いますよ。確認しましょうか？」

彼はすぐに会社を辞めようと思っていたわけではない。早期退職プログラムの内容に興味があったのである。早期退職プログラムに乗って辞めるという同僚たちのメールも50件以上届いていた。

品田は、リストラされる人々に近い場所にいつもいた。

リストラ部屋を覗きに行っては同僚を励ましたり、OBやリストラ組を集めては会食したりしていた。一風変わった親分肌なのだった。第4章で「リストラ志願した流木エンジニア」と紹介した長島紳一は品田の同期入社である。彼らは社内の40歳研修で知り合い、眼鏡をかけた7人のメンバーで「めがねの会」と名付けた会合を開いて毎月のように会っていた。その長島が品田に告げずに早期退職したとき、品田はこう考えていた。

――「めがねの会」メンバーで辞めるのはこれで3人目だ。会社を辞めて何をするのだろう。やっていけるのか。いくら冷遇されているからといって、先も考えずに辞めてどうするんだ？

それから約1ヵ月後、品田のいる地下室の研究所にフロンテッジの社長・白水哲也の秘書から電話がかかってきた。午後4時だった。7階の社長室に来てほしいというのである。白水は定年間際で、後任には副社長が就くことになっていた。

「フロンテッジも経営状態が厳しいのはわかっているよね。それでうちもいよいよリストラをすることになった。ソニーから出向してきてもらっている人にも本社に帰ってもらわなければならない。君にも帰任してもらう」

白水は車載機器部門の事業部長を務め、車載時代から品田のわがままも聞き入れてきた。その穏やかな上司が苦しげに通告した。リストラの波はいつか関連会社にも及ぶと覚悟はしていたが、言われてみると抵抗が先に立つ。

「社長！　僕はダイハツのCM映像撮影などにも成功しています。3D技術でも売り上げに貢献をしていますよ」

「いや、そんな次元の話ではないんだ。（フロンテッジ生え抜きの）社員のリストラばかりでは示しがつかないんだよ」

それは帰任命令だった。リストラに例外は認められていないのだ。

「それなら僕は辞めますよ」

「まあ、まだ時間はある。帰任する職場は探してみるから」

しかし、品田はまたもや心の中でつぶやいている。
――今の本社に戻って何をするのか？
ソニーの自由な気風は、今や出向先だけにひっそりと息づいているのだ。

3　特許放棄

迷っていた品田のもとにソニー本社からメールが届いていた。こんな内容である。
〈いつも知財業務にご協力頂き、ありがとうございます。
さて、この度、特許一括検討非維持案件として、あなたの特許の権利維持をしないとの判断が知財センターによってされました。目的としては、維持費のコストセーブで、年間総額8億円をめざしています。維持しない特許は次の通りです。
発明の名称 情報処理装置　出願国 日本
存続期間満了日 2021/04/06
年平均支払い額（支払い時のレートで円換算）16700
満了までの支払額概算（円）150300〉

特許の価値がなくなったというならともかく、会社は、年間わずか1万6700円を削減するために、品田の特許を放棄するというのである。品田の特許は100件以上もあったから、こうした「特許放棄」のメールがその後も彼のもとに次々と届いた。

彼の特許のなかには他社のエンジニアから評価されていたものも少なくなかった。「品田さんの特許が邪魔で、うちの製品が作りにくいんですよ」と言われたこともあったのだ。

——特許は技術者の命だぞ！　とうとう本社はそれもわからなくなったのか。

温厚な彼の顔は朱に染まっていた。本社からのメールには「特許をこのまま維持することを望みますか」という一文が付け加えられていた。それでも、「コストセーブ」を優先する本社の判断と、その決定をメールで送りつける姿勢が許せない——と品田は思った。

その年の早期退職者募集で「車載一家」の仲間は散り散りになり、不採算部門の烙印を押された部署が次々と閉鎖されていた。リストラ部屋は満杯なのに、一方で会長や社長、副会長らが赤字を尻目に高額報酬を受け取っている。

「そんなソニーに戻って何をするのだ」という疑問に対する答えを、品田はついに見出せなかった。

社長面談の翌夕、彼の地下研究所に、あの女性人事マネージャーが顔を出した。フロンテッジでもソニー出向者の整理が始まり、出向者の扱いについて社長の白水と話し合った帰りである。

「ども！」。品田が挨拶すると、吉松こころは「こんばんは」と言いながら、驚いたように少し口を開けて品田の専用研究所を見回した。続きの2部屋に長大な作業台。何台ものパソコンに、大きなディスプレイ、プリンター、カメラ、工具の山、膨大な数の部品とガラクタ、それに何種類ものリコーダーと雑誌が詰め込まれている。

「すごいですね」

「私は昨日、白水さんに帰任を言い渡されました」

「そうですか」

もう知っているはずだった。そう思いながら彼は続けた。

「で、辞めようと思います。条件などを教えてください」

「はい、今日は退職金や加算金などの概算をお持ちしました。退職願は来年の2月までに出せば大丈夫です。品田さんは55歳なので加算金は満額になります」

柔らかくかつ実に事務的だ。他に辞める社員がいるのかと尋ねても、うまくはぐらかす。始終、メモも見ないし、取りもしないで彼女は話した。人事で「言った」「言わない」の論争になることほど悲しいことはない。だから彼女は言ったことも聞いたことも絶対に忘れない。パソコンの中に記録しなくても大丈夫なのだという。彼は聞きたかったことを率直に口にした。

「人事部門も３割削減とか発表してたようですけど……ということは、人事部員が人事部員に面談したりするんですかね？」

「そうですよ。それもあって戦々恐々としてますよ、人事も」

人の気を逸らさない人事マネージャーだ。話しても差し支えないことはさらりと言う。手馴れている、と彼は思った。かつて見た映画のことを彼は思い出していた。

「『マイレージ、マイライフ』という映画を知ってます？　リストラ請負人が不況下の全米を飛行機で飛びまわる人生を描いた、ジョージ・クルーニー主演の映画ですよ。あれも嫌な仕事ですよね」

『マイレージ、マイライフ』は、冷酷、かつ淡々と首切りを宣告する独身男を描いて、人生の意味と充足を問うている。クルーニー演じる主人公は、一年のうち３２２

日も出張し、依頼を受けた会社に乗り込んではリストラを告げる専門職だ。彼の目標は、航空会社のマイレージを1000万マイル貯めること、彼の人生哲学は、「バックパックに入らない人生の荷物は背負わないこと」だ。結婚にも興味なし。

何というクールで深い映画だ、と品田はお気に入りなのだが、これが人事マネージャーの心のどこかのボタンを押したらしい。相手の本音を引き出すことを職務とする彼女が逆に本音をぽろりと漏らした。

「私はクリエイティブセンターのリストラも担当してますけど、本来なら統括部長がやらなければいけない嫌な部分を丸投げされたりしますよ」

「え？　どういう風に？」と品田が突っ込むと、彼女は「だから……」とためらいを見せた。リストラにおいては、その部署の統括部長がまず責任を持って通告しなければならない。

「でも統括部長の中には『君の部署がなくなるから、君、行き先を考えておいて。あとは人事と相談してくれ』なんて言う人もいるんですよ。そして、あとは人事部任せですね」

「クリセン（クリエイティブセンター）は変わった人間が多いから一筋縄ではいかないでしょうね』。クリエイティブセンターはソニーのデザイン部門で、若く優秀なデザイナーを抱えているのだが、変人も少なくない。

ソニーは変人奇人を抱えることのできた、自信満々の企業だった。

吉松が担当したクリエイティブセンターのあるデザイナーは、いつも右手人指し指で壁をなぞりながら歩いていた。デザイナーの同僚が妻にその人の話をすると、ある日、妻から電話がかかってきた。「品川の駅の通路で壁をなぞる変な人を見た」と。マネジメントが苦手の変人だったが、ある時に素晴らしいデザインをする。「当てる」と彼らの世界では表現した。それだけで生きていた。本社には、井深の作ったエスパー研究所というのもあり、そこもまた理解困難な研究をしていた。

彼女は目線を外した。「ほんとそうですよ、人事は板挟みです……」

だが、殊勝に見せて、吉松はなかなかのリストラ宣告人なのだ。本社では、彼女のことを「ヒト切り女」と陰口を叩く社員もいる。短気、直情の性格を抑えているが、情けない男を見ると、時にそれが現れるのか、面談で30代の男性社員を泣かせたこともあった。

配転を決断しかねている男性社員がいた。彼の同僚を同席させて、「どう、決めて来ましたか？」と彼女が声を掛けると、社員がしくしく泣きだした。

「決めて来たんですけど……」

「言いたいことあったら、言っていいんだよ」

吉松があえてタメ口で声をかけると、「すみません」と言うばかりだった。がっかりした。男じゃないか。そそくさと部屋を出て、結局、この男性社員にはもう少し時間を与えて決めてもらうことにした。

別の面談でも泣き出す男性社員に遭遇した。吉松の上司がリストラについて説明している時だった。感極まったのか、やはり30代の社員が涙を流し始めたのだ。げんなりして天井を見上げる。

「最近の男の子は泣いちゃうんだなあ」と心のなかでつぶやいてしまった。

人事の相談なのか、愚痴なのか、「お話ししたいことがある」と言って、さっぱりわからない話を延々ぶちまける後輩男子もいる。頭の整理なら自分でやってほしいのだ。時々、「男たちよ、しっかりしてくれ。私は君のお母さんじゃないんだよ！」と言いたくなる時がある。私にも悩みがあるんだから。

そこへいくと、品田は興奮の色ひとつ見せない。前向きなのだろうが、品田の顔色を見ていると、むしろ辞める好機と考えているのではないか、とさえ思えてくる。

「では、詳しく計算をしたものと退職書類などを年末にお持ちしますね」

彼女はそう言って、外階段を上って帰っていった。年末も28日まで仕事なのだという。以前のソニーなら23日から休んでいた。

「お疲れさまです」

彼女を見送るついでに、見上げた新橋の冬空に珍しく月が見えた。冴え冴えと輝いている。


その夜、品田は妻の邦子に相談した。

「辞めようと思うんだ」

「ふーん、辞めるんだあ？」

あっさりとした口調である。彼女は当時の経営陣に批判的だった。社交が嫌いだがはっきりと物を言う質で、酒豪でもある。酒に酔った時だったか、こんな冗談を夫に言った。

「だいたいね、今のソニーの社長さんたちは名前からして昔の人に負けているわよ。そもそも井深（大《まさる》）さんは深いわ。盛田（昭夫）さんは会社を盛り上げていた。大賀（典雄）社長は大きかった。我王だもの。出井さんは、それでもまだ前に出ようとしていたよ。

でも、安藤（国威）さんになると『安い』し、中鉢《ちゅうばち》（良治）さんは『中』だし、平井さんなんか、『平《ひら》』だよ」

ソニーの妻たちは心の奥底でそんなことを考えている。リストラの時代に妻だからこそ言いたいことがあるのだ。そして、邦子の突き放した視線は夫にも注がれている。

――食べさせてくれればそれでいいわ。立派なことを言って会社を辞めるんだから、その後のあなたを私はじっと見ているよ。

品田が実際に退職願を書いたのは翌2013年2月末のことだ。

吉松こころが再び、品田の地下室を訪れた。

「いろいろお世話になりました」

と言った品田に、彼女は驚くような話を始めた。

第6章

切り捨てＳＯＮＹ

2012－2013

1　人事部の哀しみ

かすかな怯えに似た感情を彼女は隠していた。

――殴られるかもしれない。

面談の前やその後でも、時々そう考えるようになっている。１９９８年に入社し人事部に配属されて15年が過ぎた。吉松こころは2年前に課長職に就き、社員に淡々と退職を促すことが大きな仕事になっていた。品田から退職届を受け取る1年ほど前のことだ。

「私たち、いつか刺されるかもね」。彼女にそんな冗談を言う同僚もいた。

ソニーの新本社「Sony City」は、東京・品川駅の港南口から歩いて5分のところにある。東西に１００メートル、南北に70メートル、高さ１００メートルの高層ビルはガラスで覆われ、Ｃｉｔｙ全体が透明感に包まれていた。陽光はガラスを通じて社内深く入り込み、「ブロードウェイ」などと名付けられた広い社内通路やビルの奥を明るく照らし出している。だが、そのビルの19階にある人事部はいつも緊張の糸がピーンと張りつめていた。

彼女が早期退職を勧めたりして、これまで辞めてもらった社員は数十人に上っている。契約社員や派遣社員、そして組織ごと移管した社員を含めると、人員整理した数は100人以上に達していた。

「リストラ担当」と呼ばれていることは知っていた。真剣に仕事をすればするほど、「あの人事担当は容赦ない」という評判が立つのだ。

たいした落ち度もない社員がある日、人員削減の対象になる。「これだけの人数を削減しなくてはいけない」という会社の数字――「経営判断」という机上の計算が各部門に下りてくる。すると、それぞれの部署はリストラ候補者を決めるしかなくなるのだ。

1割削減の目標ならば、10人の課員のうち成績が10番目と判断された人。その運のない人に面談し、最後には「あなたの仕事はなくなります」と伝えざるをえない。割当制だ。人事部に選択肢はないのである。

説明をし始めるやいなや、怒り出す者もいた。

「なんで私がこんな目に遭《あ》わなくてはいけないんだ?」

「まさか……。辞めるべき人は他にいるでしょう」

威嚇したり、泣く人もいたりする。吉松は感情を抑え、視線を外さずに話しかける。隙を見せたり、「この人に言えば何とかなる」と変に頼られたりしてもいけないのだ。何をどこまで話したかいつも覚えていた。過去のやり取りは頭の中にある。

しかし、冷酷を装ってみても、面談者が興奮し、「2人だけの個室を準備してほしい」と意味ありげに告げられると、本音では怖かったのである。

ソニーには「リストラ大王」と呼ばれた担当役員もいた。新規事業を次々にカットしながら、一方では会社のカネで盛大な送別会を開いてもらったと噂された大幹部だ。「(決算の)数字は作れるんだよ」と言い放って社員をあきれさせた財務担当役員もいる。資産売却や人員整理によって、ソニーの決算は自由に操ることができるというのである。

だが、社員や家族の恨みは彼らではなく、しばしば、吉松のような目前の人事担当者に向けられる。彼女は面談相手が神経を高ぶらせていたり、感情が切れかかっていたりすると、組合対応に慣れた労務担当者に近い場所で面談を続けた。彼らならば怒声や少々の混乱には対処可能だ。

もし、面談者が早期退職の道を選べば、退職金に割増金が加算される。それを拒否すれば業務命令で「リストラ部屋」行きだ。

「仕事を探すのがあなたの仕事なんです。キャリア開発室に行って次の仕事が見つかる人もいますから。いい機会かもしれません」

　彼女はそう説明してきた。こうも言った。

「現状をどう認識されていますか？　会社は非常に厳しい状況なのです」

だが、どんな言葉を使っても、たいてい「それは自分ではないはずだ」という答えが返ってきた。「削減が必要だとしても、もっと他に働いていない社員がいるじゃないか」。自分がリストラの対象になるという自覚の低い社員ほど抵抗は激しい。

「結局、いま早期退職に応募したほうが将来のあなたのためになるんですよ」

　そんな理屈を付けることもあった。それは嘘ではないのだが、自分が逆の立場なら腹を立てたかもしれない。説明している自分もいつリストラ対象になるかわからないのだ。人事部の中でも早期退職の募集が始まり、自ら退職を選択する同僚も出始めた。殺伐《さつばつ》とした空気である。

「先輩たち、元気ないですねえ」

　と人事の若手社員は言う。心にゆとりがないだけではなくて、不安の色が顔に滲《にじ》み出ている。「いつ抜け出せるのか、この不況地獄」と彼女は口に出してみた。それでもリストラの尖兵役は続けなければならない。心の中に彼女は、別人格の自分を作っておいて言い聞かせていた。

「私たちだって同じ運命だよ」

「私の意思じゃない。経営判断として必要なことなんだ」

会社が決めたことだもの——そんな割り切り方をして、構造改革という名の合理化を自分なりに乗り切る。すると次のリストラが待っていた。

彼女には入社以来、忘れることのできない光景があった。

それは2004年の夕暮れ時のことである。彼女はソニー13号館にあった子会社の人事部に出向していた。たまたま外出先から戻り、通りかかった大部屋に、ずんぐりとした黒い人影があった。窓から斜めに夕陽が差し、光に包まれている。

彼女は足を止めて目を凝らした。上半身白い下着姿の男がいる。胸がざわめいた。

そこが特別な部屋だったことを思い出したのである。ワイシャツを脱いだその男は、下着姿の体を団扇でパタパタと煽いでいた。

立ちすくんだ彼女を男はちらりと見た。小太りで頭が薄かった。視線が出会って、彼女は背中を何かで触られたように体をぴくりと震わせた。ビルの館内は蒸し暑かった。どんよりとした空気が社員の引けたオフィスを覆っている。見てはならない、そう思わせる光景だった。

男の机の上には新聞のようなものが置かれていたが、そこに視線は届いていない。やることなど何もないのだろう。

——やることがないんだったら、さっさと帰ればいいのに……。

そう思った瞬間に彼女は、はっと思い当たった。

帰りたくてもこんな早い時間には自宅に帰りづらいのだ。もしかすると、この部屋に配転されたこと自体が内緒なのではないか。

彼らはこの部屋に集められ、押し込められている。それでも家族やご近所には「世界のソニー」で忙しく働く社員のはずだから。そこは第1章に登場する居酒屋「目黒川」のメンバーがやがて異動して収容される部屋だった。たぶんそれは、人事部員だから気づく凋落の予兆だった。

彼女が見た下着姿の社員は、かつて「窓際族」と呼ばれた人々である。他社では「ガラスの檻の囚人」という言葉も使われている。電機不況が深刻化して、「失われた20年」という言葉が流行するころには、その部屋は「寄場《よせば》」「掃きだめ」と露骨な表現に変わっていく。

2000年代の会社の業績悪化に伴って、その部屋はやむなく設けられた、と信じている人が多い。だが、それは事実に反している。ソニーが絶頂に向かっていた1998年に、すでにその部屋はあったのだ。そして低成長時代の到来とともにリストラ部屋の色を帯びていく。しかも、ムラの中心部にひっそりと。

たまたま、若い女性社員が仕事の都合で本社人事部の上のフロアに寄った。その時、本社人事部は2号館にあり、13号館と違ってソニー村の中心にあった。そこは妙に暗い部屋だった。200人ほどの中年社員たちが新聞や本、パソコンを前にぼんやりと机に向かっていた。まるで図書館にいるような静かさが覆っている。

彼女はそこにいた中年社員の数に仰天した。

——こんなに窓際族が集められている！

一緒にいた上司が言った。

「ここはね、こういう人たちがいるところなんだよ」

「大企業ってすごいゆとりがあるんだな」

妙な納得をしながらも、彼女は違和感を拭い去ることができず、同僚にその話をした。その部屋の在り様は、この女性社員や吉松たちが心酔した盛田昭夫や、もう一人のソニー創業者の井深大《まさる》が掲げた理想とはかけ離れたものだったからだ。

吉松こころもまた中途入社組だ。東京の私立大学を卒業して、4年間、大手ホテルで働いていた。ひとまず就職したものの、入社2年目に留学のための予備校通いと貯金を始めた。留学は長年の夢だった。1000万円ほど貯めて1996年から米国の大学院でヒューマンリソースマネジメントを学んだ。平たく言えば人材活用術のことである。

当時、アメリカのビジネススクールでは、日本の製造業のイノベーションが成功例としてケーススタディで取り上げられていた。1980年代の日本企業の「カイゼン活動」はアメリカでもてはやされ、当時はソニーやホンダの成功が称えられていた。日本人として誇らしかった。

大学院を卒業するころ、成功企業や経営者の本を次々に読み、『盛田昭夫語録』(ソニー・マガジンズ)に出会った。盛田は創業から25年後、米国のニュース雑誌『タイム』の表紙にも登場し、「ジャパン・イノベーター」と称されている。『盛田昭夫語録』にはこんな言葉が記されていた。

〈「朝令暮改というのは、一種の進歩なんだ。もし、いつまでものを変えなかったら、今でも世の中は神武天皇のときのとおりになっている」「年をとった人は偉いんだという精神を変えなくてはいかん。日本は年長者を尊敬するが、アメリカは逆に若

さを尊敬する」〉

日本にこんなに素晴らしい経営者がいたのかと、吉松は思った。そして、盛田が考えたという「英語でタンカがきれる人募集」という広告コピーに驚き、学歴無用論や「出るクイを求む」という言葉の意外性に感動した。

そのころ、ボストンのキャリアフォーラムに、日本企業や日本に進出している外資系企業が出展していた。アメリカ留学の日本人を対象にした就職フェアである。そこにブースを構えていたソニーとドイツ系企業の面接に進み、内定をもらった2社のうち、やはりソニーを選んだ。

留学中は、トヨタ自動車にも鮮やかな思い出がある。留学先の大学へ愛知県豊田市から人事部長と人事課長が来ていた。「外国人やエンジニアの採用が目的なので君は対象外なんだが、一応面白そうだから受けてみないか」と彼らに言われたのだ。

そこで思いがけず言い合いになった。

「うちには『トヨタウェイ』という指針があるんですよ。まずは営業、とにかくそこから始めてもらいます」

「私は人事部志望なんです。大学院で学んだことを活かすためにも最初から人事配属を希望します」

「だめだめ。そうはいかないよ。トヨタは絶対に営業からスタートするんだよ」

――なんて固い会社なのだろう。これがトヨタの企業文化なのか。

かたや、ソニーの人事担当者はこういってくれたのだ。

「君は人事志望なんですか？　経験はなくても大丈夫ですよ」

トヨタ側との面談はやがて議論に発展して、人事課長は「もう一回、あなたにお聞きしますけどね」と語気を強めた。それで面接は終了。素晴らしく頑固な会社だと、それはそれで忘れられない経験だった。

一方のソニーのイメージは「革新」だった。「ソニーらしさ」と呼ばれていた。彼女が入社した１９９８年はソニーの絶頂期だ。

そのころの株価は３万８０００円台に達し、社長の出井《いでい》伸之は『ブルームバーグ・ビジネスウィーク』で世界のトップ５経営者に選ばれていた。電機業界で独り勝ちである。当時、ソニーのテレビの業界シェアは40％、ハンディカムは50％、プレイステーションも１０００億円の利益を上げている。90年から92年にかけてソニーは毎年１０００人規模の採用を続けてきたのだった。何もやらなくても儲かる会社のようにさえ思えた。

2 しがみつかない覚悟

吉松は今朝、通勤電車の中で本を読んでいて目元をぬぐってしまった。さだまさしが書いた小説『眉山』のクライマックスに差し掛かって、こらえきれなかったのだ。朝から、さだまさしで泣いている女がどうして「リストラ担当」などと陰口を叩かれなければならないのか、と彼女は思う。そう呼ばれていることがわかったら、母親も泣いてしまうだろう。

会社ではドライに見せているが、酒が過ぎると本性が出る。「ビバ酒豪！」と言葉も出る。仕事の飲み会や中高年社員との「おっさん飲み」も断ったことがなく、ワインなら1本開けても顔色ひとつ変わらない。

弟はとうに結婚して家を出ていた。母親は少し酒が入ると結婚話を切り出す。残された長女がこの先、一人で生きていく姿を思うとしのびないのだろう。実家から通っているのだから男っ気がないのはわかっているはずなのに、「可能性はあるんでしょう？」と不意に水を向けてくる。

しかし、いまは結婚を想うどころではないのだ。ストレスで下痢が続き、首や耳の奥が強く痛む。それでも人事案件が次から次へと舞い込んで来る。眠っている間も頭は回転状態を続け、午前零時近くに寝ても4時台には目が覚めてしまうのだ。

彼女は起き抜けに自分の頭に手をやることがある。髪の毛が生えていることを確かめるのだ。

それは管理職と言い争った翌朝のことだった。うつらうつらと見た夢で彼女は、ストレスのために落ち武者風に頭頂部がすっかりハゲ上がってしまっていた。目が覚め、頭に手をやって、つぶやいてしまった。

「良かった。あった。夢だったのね」

彼女には出世の野心がなかった。「それでいて自分はなぜこんなに会社運営に厳しいのだろうか」と考えることがある。上位職の判断の甘さに腹が立つのだ。

いつまでもだらだらとリストラを続けていていいわけがない。しかも、それは徹底して行われていない。

権限と責任の2つは一体のものだろう。権限を持つ役員たちはリストラの責任をどうとるのか。どこのマスコミも調べて書こうとしないが、ソニーのリストラはずっと続いているのだ。

ソニー社員はみな優秀なので学ぶことがあるうちは居続けようと彼女は考えてい

た。だが、本当に学ぶことがあるのだろうか、とも思えてくる。同じ時間を費やすのであれば、もっと人のためになること、人を成長させ、喜んでもらうようなことをしたかった。

「なんとかしなくては。会社も私も」と、吉松は考えていた。

彼女が英国系の転職支援会社に登録したのは、そんな2012年の春先だった。自分の市場価値が知りたくなったのだ。ソニーという企業は巨大企業だけに異動の幅が広く、異動希望さえ出せば転職と変わらない環境の変化がある。だが、彼女は会社にしがみつきたくないと考えていた。すっかり大企業の歯車の一つになっている自分に嫌気がさしてもいる。

もともと自由人のつもりではあったのだ。だが、現実は――来週も祝日出勤だ。

仕事や会社は、自分にとっての何だろう？　ホテルの従業員から留学を経て、ソニー人事部に転じ、サラリーマン生活が計18年、いまさらながらに考えるのだ。

吉松は30歳時の社内研修会の席でこう宣言し、同僚を驚かせたことがある。

「私は会社にしがみつくようなことは絶対にしたくありません」

彼女は6年も回り道をして入社している。ソニーはかつて「学歴無用論」を唱え、

「社員の履歴書は焼く」と宣言していたが、中途で入ってきて辺りを見渡すと、いわゆる一流大卒ばかりではないか。「学歴無用論」は建て前になりつつあり、社員たちもどこか、ぬるま湯につかっているように見えた。

「この人たちは定年まで、のほほんと勤めるんだろうな」と思うと、あの時は、反骨精神もあって研修の意見発表の席で強い言葉を吐いてしまっていた。

しかし、人生は自分が思うようなスピードでは進まない。「私はいま、よその企業にいくらで売れるのだろうか?」。そんなことを考えながら登録した翌日、転職支援会社から電話がかかって来た。「早《はや》っ」という言葉が彼女の口をついた。

「いますぐ転職するつもりはありませんが」と伝えておいたのだが、とんとん拍子に話は進む。まず、転職支援会社の英国人マネージャーとの面談。吉松は会社で年間約100人と面接しているが、自分が面接される立場になるとやはり緊張するものだ。あっという間に面談の1時間が終わり、帰宅するときには6、7件の求人案件を握らされていた。

そして2週間後には、実際にフランス系企業の面接を受けている。相手は人事トップの女性で、表情に本心を見せなかった。お互いに手の内を知り尽くしているのだ。

その一方、ソニーでは人事面談に振り回され、新卒採用の季節も訪れようとしていた。新社長に英語が堪能な平井一夫が就任するのはその直後の2012年6月のことだ。

それから間もなく、吉松ら人事部員は「女性活躍推進」の提言のために社長室に入った。彼女が転職支援会社に登録して3ヵ月後のことである。

長身で白面、くっきりとした目鼻立ち。51歳という若い経営者だが、50代とは思えない若い肌艶を保っている。初めて間近に見る社長のイケメンぶりに彼女は見入ってしまった。その日の出来事を、日記代わりのパソコン上にこう記した。

〈あまりに透明で潤いに満ち、少年のような強い光を放つ瞳、水晶のように透き通ってかげりのないまっすぐな眼差し。そう、彼は全世界16万人の社員を率いるCEOだ〉

思わず見惚《みと》れていると、上司が吉松に話を振った。彼女はこの2年間に温めていた思いをCEOにぶつけた。

「株主総会の質問に出ましたように、株主の方々の女性登用の関心も年々高まりつつあります。経営陣の多様性も改めて問われています。ぜひ女性役員の登用をお願いいたします」

平井は大きな身体を彼女に向けて確かに答えた。

「わかりました。自分がやります」

そうした言葉を聞いて、パソコンに向かい、〈全力でサポートしていくのは私の仕事だ〉と書くのは、彼女が純情だからだろう。

だが、社長室訪問からひと月も経たないころ、彼女は上司に自分が転職支援会社に登録していることを伝えた。電機業界は総崩れ状態で、どの会社もリストラが当然だとばかりに行っている。人事部とはいえ、自分だって「しがみつかない覚悟」でやっていることを上司には知ってほしかったのだ。同時に、「お前たちは会社から守られているんだろう、偉そうに言うな」と冷たい視線を投げる連中にも言いたかった。

「私たちだって、ソニーを辞める覚悟でやってるんだ！」

中途半端な気持ちで仕事をしているわけではないのだ。

だから、ソニーの名物エンジニアだった品田哲《あきら》までが、「僕はやはり辞めます」と退職願を差し出すと、その担当だった彼女は思わず漏らしたのだ。

「私も考えているんですよ。ソニーを辞めようかと」

「えーっ！　あなたも？」

品田の地下研究室で、今度は彼女がまじまじと見つめられる番だった。その日もひっつめ髪の彼女はにこやかにほほ笑みながら言った。

「内緒にしていてくださいね。まだ結論を出したわけではないですから。品田さんの退職願は確かにお受け取りいたしました。最後まで仕事はきちんとやります」

２０１３年２月末のことである。

３「腐った会社は見たくない」

両親と長女の穏やかな団欒《だんらん》は、近所に住む弟一家の話題で盛り上がって沈滞に陥り、ふっと途切れた。テーブルの向こう側で両親が話の接ぎ穂を探していたとき、

「あのさ……」と、吉松は箸を手にしたまま話し始めた。

「わたし、会社を辞めるから」

２０１３年６月９日――テレビの音もない静かな日曜日の夜だった。

「今月末で辞めるからね。もう辞表も出したの」

「えっ！」

ビールを飲んでいた父親が凍り付いてコップを取り落としそうになった。娘はリス

トラを宣告する立場のはずだったのに？ 母親は驚きのあまり目を見開いている。

――ドラマみたいだ。漫画の「ドッヒャー」ってこんな場面を言うんだろうな。

彼女は場違いなことを考えている。親にいつ打ち明けようか。彼女はその言葉を切り出すタイミングをずっと見計らっていたのだった。父親は民間会社を真面目に勤め上げ、定年退職している。娘も大企業であれば安泰と考えていたのだった。

一瞬の静寂の後で、父親が声を絞り出した。

「今から取り消せないのか」

「いや」と彼女は首を振った。

「前から言ってたけど、もうひどい状況なの。この会社は」

「…………」

彼女は40歳を超えていた。経営中枢に近い人事部から見ていると、リストラの波が自分たちの世代にも寄せてきているのがよくわかる。電機業界に共通して言えることだが、初めに55歳前後を切る。次に50歳。続いて45歳以上、そしてターゲットはどんどん下の世代に下りてきているのだ。ソニーは90年から92年のバブル期に１０００人単位で新卒を採用していた。今、40代前半に差しかかったその社員をどう整理するのか、という課題を人事部内でも真剣に検討している。部内でその話題に触れるたびに、「お前も早く辞めたらどうだ」と肩をたたかれているように思えていた。人事はリストラをしながら、自分たちもリストラされていた。

「だからね、会社から『辞めろ』って言われる前に辞める。今がチャンスだから。7月から外資系の医療機器会社に行くことにしているの」

「……そんな外資系なんて大丈夫なのか」

古い世代の人間にとって、やはり日本企業が安心なのだ。それに世間では未だに「世界のソニー」、ご近所にも自慢できる大企業ではある。

「でも、今度の会社もいいところだと思うよ。人事のトップと言うか、責任者として行くの。年収も上がる」

「せっかく、あれなのに」とか、「ソニーがもうダメなんて、まだまだ時間があるだろうし」などと、語尾を濁しながら父親はしばらくぶつぶつと言っていた。

「外資でもそんなにすぐにはクビにはならないわよ」と彼女が笑ってみせると、父は最後に自分に言い聞かせるようにつぶやいた。

「まあ、お前の人生だから好きにすればいい」

母親の言葉ははっきりとは覚えていないが、「どうしよう、どうしよう」と言っていたのに切り替えが早かったことは確かだ。しばらく経って、近所のダイエーに寄ってきた母親は上機嫌だった。

「あんたの今度の会社の製品がね、ダイエーにあったよ」

転職先の会社の広告が新聞の折り込みチラシに載っていたのだという。

「そこそこの会社らしいねえ」

母親はそういうところが強い。しなやかでしたたかで面白いな、と彼女は思った。

２０１２年夏から翌年にかけて、ソニー社員の自宅ではこんな情景が繰り返された。経理も広報も、そしてリストラを遂行する人事部も「構造改革」の例外ではなかった。第5次、6次と、続けざまにリストラが行われていくころだ。早期退職者募集に手を挙げた者もいるが、社外への道を勧められた社員もいる。同社の元役員は、「人事部だけでも数十人が辞めていった。人事部長も辞めた。彼らも1割削減という人減らしの対象だったから、多くが退職加算金をもらって転職した」と証言する。

もっとも人事部は、他の部門から見るとブラックボックスのようなところがあって、実際に「1割削減」という目標を達成したかどうかははっきりしない。「人事部員はさすがにリストラ部屋に追い込むわけにはいかないので、一部の部員は社内異動させて数字上の目標をこなしたようだ」と、ソニーの中堅幹部は話す。

同社にとって誤算だったのは、評価の高い部員たちが進んで辞めようとしたことだ。多くが引き留められたが、そのなかで、有能な女性人事部長として人気のあった井原有紀が2013年2月末に辞めた。成長を続けるアマゾンジャパンに転職していったのである。彼女は主に海外営業系の人事を担当していたが、役員にも能力を認められた人物だった。

「自分の転職について、ソニーには何の原因もない」と、当の井原は説明する。

「私はソニーで仕事をさせてもらったことで人間としての基礎を作ってもらいました。純粋に外資系企業に移って、人事としての経験を更に積みたかったのです」

だが、人事部長の転身は意気消沈する社内に波紋を投げかけた。

ソニーはもともと社員の自立や起業を尊重する企業である。だから、社員が引き抜かれたり、人材紹介会社に登録してヘッドハントを待ったりしていても問題にはならない。去る者は追わないどころか、ソニー創業者の盛田昭夫が入社式で毎年、新入社員に、「ソニーで幸せになれないと感じるようになったら、すぐに会社を辞めなさい」と繰り返したほどだ。彼の著書には、こんな言葉も残されている。

〈必ずしも「自分はこの職場でなくては」という強い希望を持ってその職場を選択し

たとは限らぬのに、いつまでもそこに腰を据えていることは、社会全体の不利益にもなるだろう。自分の欲するところに就職する機会を多く持てるような環境をつくることこそ、人材開発の大前提なのである〉（『21世紀へ』ワック）

盛田の経営哲学は終身雇用にあぐらをかかず、必要であればソニーを飛び出して自分の個性を活かすような職場を見つけなさい、ということであった。だから、ソニーのイントラネット「InterSony」には、社員に転職を勧める「セカンドキャリア総合支援サイト」もある。

ところが、こうした鷹揚な姿勢が現在のソニーには裏目に出ている。辞めてほしい者ほど会社にとどまろうとし、有能な人材ほど沈みゆく船から脱して、ジョブホッピングしていくのだ。

吉松こころが辞表を提出したのは、井原の転身から約1ヵ月後。年度末の繁忙期がようやく一段落した4月初めのことである。彼女は本社19階の人事部で人事部長に面談したい、と申し出た。ちなみに井原の後任の部長も女性である。個室に入るなり、吉松は辞表を差し出した。

「大変申し訳ありませんが、辞めさせていただきます」

上司は仰天して言葉を失っている。いつ果てるともなく続く構造改革によって人事部員の退職も相次ぎ、一人ひとりの業務量は急激に増えていた。４５０人もの社員を担当しているプレイングマネージャーが抜けるのは大変なことだ。一般に就業規則では1ヵ月前に辞表を提出すれば辞めることができるのだが、辞めればその負担は他の人事部員の肩にのしかかってくる。

沈黙の後、人事部長は慰留の言葉を連ねたものの、彼女の固い決意を見て取ってあきらめた。

「あなたが決めたことだから、変えられないんだよね？」

彼女の退社が発表されたのは、それから2ヵ月後のことだ。後任者がなかなか決まらず、引き継ぎに手間取った。

転職は人生の一大事である。大手ホテルからソニーに転じた彼女にとっては、これが最後のチャンスになるかもしれなかった。だからヘッドハンターに急かされ、転職先に勧められても誰にも漏らさずに考え続けた。相談したら人事部長や親に止められることはわかっている。辞表を書いたのは、転職先に返事をして引き下がれないところまで自分を追い込んでからのことだ。会社側にも親にも選択肢を与えないようにしたのだった。

彼女の退職は、井原の華麗な転身とは別の意味で社内の話題になった。早期退職の応募期間が終了した後の退職表明だったからだ。同僚や担当職場の社員たちはいぶかしがった。

「なぜ、このタイミングで辞めるの。（加算金が）出ないでしょう？」

「いや、自分で決めた転職だから……」

「早期退職に応募すればよかったのに？」

彼らの質問や関心は「どうして辞めるのか？」とか、「これからどうするの？」というところには集まらなかった。ソニーでは当時、管理職なら規定の退職金に特別加算金が支給されている。55歳前後で3000万円という部課長もいた。2013年2月28日までに早期退職を申請すればその退職加算金を手にできたのである。彼女が辞表を提出したのは4月初めだから、そもそも「自己都合退職」扱いとなり、加算金の対象にはならない。少しだけ早く辞表を提出すればよかったのである。

多くの社員は「トップは赤字でも多額の報酬をもらっているし、カネはもらわなければ損だ」と考える。そうした空気の中で、吉松は「お金を積まれて辞めるわけではないから」と考えた。辞めたのは自分の選択だったから、規定に沿った退職金だけでそれなりに満足しているというのだ。井原も退職加算金には興味がないと言ったという。本人たちはこうした話題を避けるが、どちらにしろソニーは骨のある2人の人事部幹部を一挙に失ったことになる。

日本企業の「ガラスの天井」は厚い。女性が成果を上げても昇進や昇給は男性ほどには伸びず、やがて打ち破れないガラスのような障壁にぶつかる。創業者たちが「自由闊達にして愉快なる理想工場」を目指したソニーにも、その天井は存在していた。しかし、会社が危機に陥ったとき、律儀に社内秩序を守ろうとしたのは皮肉なことに女性たちだった。

「ソニーってもっと綺麗な会社だったよ。甘ちゃんでやんちゃな社員が多いけど、潔癖な人ばかりだったのに……」

と居酒屋で男たちを叱りつけた女性がいる。「もう腐ったソニーは見たくない」と言って辞めた人もいたという。化粧の奥に固い心の核を隠していたのだ。

転職後、吉松は仕事が面白いと思うことが多くなった。

人に必要とされている——それは人事部員が体験できる、正解のない仕事の味わいだ。人事部は算数のように数式にあてはめて結論を導きだすのではなく、社員に寄り添ってバランスで判断する世界だ。成果が見えにくいから、対話とプロセスが重要だ。だから、ソニーを辞めた後に、かつての同僚や元社員たちから「話を聞きたい」と言われると、本当に嬉しいと思う。

構造改革にモチベーションを感じる幹部や人事部員もいるだろうが、自分の人事は人間関係の中でやっていくのだ。

だから、いまは毎日のように仲間たちと飲んでいる。

第7章

終わらない苦しみ

1954－2014

1　第二リストラ部屋

ソニーの仙台テクノロジーセンター（仙台テック）は、仙台駅からJR仙石線で22分の宮城県多賀城市にある。

そこは鈍色《にびいろ》に低く沈む仙塩工場地帯の一角を占める。ピーク時には2000名を超える従業員を抱え、県内最大級の事業所を自負していた。研究開発と製造の2つの機能を持っていたが、両方を事業再編という名のリストラにさらされたうえ、2011年3月11日には東日本大震災の被害を受けている。地震直後の大津波が仙台港から砂押川をさかのぼり、海から約1・5キロのところにある工場を襲ったのだった。建物の1階が浸水し、製造設備や研究開発に不可欠な解析装置に甚大な被害が出た。それもまた縮小の誘因となって、今では従業員は約600人にまで減っている。

それでもなお仙台テックは、世界中のソニーの工場群の中でも他所にない歴史を誇っている。

何しろ古い。工場が設立されたのは戦争の傷跡の残る1954（昭和29）年だ。ソニーの前身である東京通信工業が東京・日本橋で創業してわずか8年後のことである。宮城県が初めて誘致した企業としても知られている。

古いだけあって人材も輩出してきた。8代目社長の中鉢《ちゅうばち》良治も仙台工場出身で、4代目の岩間和夫に続く工場上がりのエンジニアだった。付け加えると、岩間は盛田の義弟でいわば創業者ファミリーである。だから中鉢はただ一人の純粋な工場生え抜き社長と言うことができる。

中鉢は宮城県玉造郡鳴子町（現・大崎市）に生まれ、仙台二高から東北大学、同大学院工学研究科博士課程を経てソニーに入社、8ミリビデオ用テープの開発などに携わっていた。ただし、ソニーの元副社長で伝説的なエンジニアだった大曽根幸三に言わせると、「仙台テックの中でも窓際を通り越して壁際に追いやられていたような一群」に過ぎなかった。創業者・盛田昭夫の実弟である盛田正明や大曽根らの目に留まり、抜擢されたのだという。いずれにせよ、仙台テックは一介のエンジニアが社長への第一歩を踏み出した工場なのだ。

その仙台テックにはもう一つ、他所にはないことがあった。工場の中に一時、2つのリストラ部屋が設けられていたことである。

1つ目のリストラ部屋は、東京や厚木にあったものと同じくキャリアデザイン室だ。集められた中高年は「コストダウンを急ぐ工場に対応できない」とされていた。もう一つは「CIC仙台」の名称で、2001年12月1日付で新たに設けられた。こちらは「第二追い出し部屋」と呼ばれる。

このころは、会長兼CEO・出井《いでい》の時代で、「経営機構改革（第1次構造改革）」が3年目に差し掛かっていた。4年間で世界70の製造工場を55ヵ所にまで減らし、希望退職者を募ってグループ全体の従業員の1割にあたる1万7000人を削減する計画だった。黒字決算の下での異例の大リストラである。本社人事部門には「キャリアデザイン推進部」が設けられ、リストラ部屋での人減らしが本格化していた。ここからソニーのリストラは延々と続くのだが、仙台の場合は磁気テープなどを製造した磁気記録デバイス部を解体するうえ、さらに「CIC仙台」の新設を通告され、さすがに組合は激しく抵抗した。

ソニー労働組合仙台支部によると、設置の10日ほど前に労使交渉が行われた。会社側は「磁気記録デバイス部は工場の源流ですが、解体して従業員170人を県内の別の工場や本社圏内に分散します。転勤や出向に応じられない社員は、CICに入ってもらいます」と通告した。

まずCICの意味をめぐってひと揉めする。

「ＣＩＣ？　何だ？　それは」と組合が詰め寄った。会社側がこれに答える。

「みなさんのキャリアをインキュベーションするんです」

「俺は英語、わからねえから教えてもらいたい。インキュベーションって何だ？」

「卵を孵化《ふか》するという意味です」

ＣＩＣとは「Career Incubation Center」の略だ。Incubationは抱卵や孵化の意で、就職や起業を支援する際に一部の会社で用いられている。組合員がそれを聞いて怒った。

「じゃあ俺たちは卵か！　孵化する前なのか！」

前述したように、ソニーでは時代によって、リストラ部屋を「キャリアデザイン室」と言ったり、「キャリア開発室」と言ったりするのだが、一般社員には「キャリ開《かい》」と呼ばれている。組合側は「キャリ開」と「ＣＩＣ」はどう違うのかを問題にした。

対する会社側は、「ＣＩＣは、新しいキャリアをこれから身に付けていただく前向きなものなんです」と答えたという。会社側は生き残りに必死だから、工場の幹部たちも本社の指示を受けて言葉を絞り出したのであろう。

だが、組合側は「苦し紛れに英語で名前をくっつけた」と受け取った。

磁気記録デバイス部係長だった松田隆明はその時、ソニー労働組合仙台支部副委員長として団交の席に加わっていた。部の解体に伴ってCIC行きを指示される。宮崎大学大学院工学研究科を卒業してソニーに入社し、20年目を迎えていた。

松田は生粋のエンジニアだ。闘士のイメージには遠く、妻には「ビッタレ」、息子には「ブッゴリ」と愛称で呼ばれている。「ビッタレ」は松田の母親の伝授。長崎県壱岐の方言で「汚らしい」「不潔」という意味だ。「ブッゴリ」はたぶん豚ゴリラということだろう。作家の江上剛を泥臭くしたような四角い顔つきのなかに、困ったような笑みを浮かべている。

一方、前述した中鉢は松田の職場の先輩だった。中鉢は仙台時代、磁気テープ開発の中心にいたが、1989年に米国アラバマ州のドーサン工場に赴任した後、異例の出世街道を走っていた。仙台でCICの話が持ち上がったころにはもう執行役員の地位にあり、副社長就任を目前にしている。古巣で働き続ける松田たちは既に遠い存在で、当然ながらこのリストラについて、中鉢からは事前連絡も含め、何の反応もなかった。

本人の証言によると、実は、ドーサン工場を磁気テープ事業の本拠地にしようとしたのは他ならぬ中鉢である。工場の海外移転や海外量産体制の整備は、仙台など国内工場のリストラとモノ作りの空洞化を招く。そして、２００５年に社長の座に就くと、今度は仙台テックを含むリストラ策を自ら指示する立場に立った。中鉢は地元工場への未練を見事なまでに断ち切っている。

これに対して、松田の思い出に残る中鉢は、８ミリビデオ磁気テープの開発を競い合った仲間である。中鉢は係長としてメタルパウダーを使ったテープ開発に取り組み、ヒラの松田は別な手法に挑戦していた。モノ作りにはお互いに強いこだわりがあった。

退任した中鉢は、日経産業新聞のインタビューにこう語っている。

「社長になったとき、美しく辞めたいと思った。実際には社長だった4年間は一日も心休まらない日々だった。メディアや金融界の人たちは合理化、人員削減などの言葉を簡単に使うが、社員の生活を考えると、心をすりへらす決断だった。誰も、切りたくて切る社長はいない。今も忸怩たる思いでいる」（２０１４年5月21日付）

だが、中鉢は地元のリストラ部屋のむごさを知らない。ストックオプション（自社株購入権）を含めて年間2億円を超す報酬を得、退職金も2億円以上もらっている中鉢に対して、現場の彼らは美しくは辞められないのだ。

「CIC」は名前だけは近代的でも、2階建ての第三工場の1階を仕切り、事務机を向かい合わせに並べただけのスペースである。そこに人事スタッフを含め、松田ら約70人が座った。

一方の「キャリア室」は、松田の記憶によると、F20号館の5階に十数人が収容されていた。だだっぴろいワンフロアをパーティションで仕切り、一角には事務作業を続ける従業員や研究員がいた。一見するだけではどこからがリストラ部屋なのかわからない。ただ、研究開発のグループなどは実験室に行くなどして動いているのに対し、一つのシマの従業員だけが手持ち無沙汰にじっと座っていた。仕事が与えられず、やがて自分が忘れられ、無価値な存在であるかのように錯覚させてしまう——それがリストラ部屋だった。ここは半月後、CICに統合される。会社側が「両者は違う部署」と言っていたにもかかわらず、一緒にしても誰も不思議に思わなかった。

だが、松田たちには、「痩せても枯れても俺たちは労働組合だ」という意識があった。職場確保を求め、労使交渉によって、土壌・地下水汚染対策や障害者補助器具の設計・製作など6つの仕事を得る。付け焼き刃的な仕事に見えたが、松田らのグループが完成させた土壌汚染ハザードマップ（環境マップ）は先駆的なものとして評価され、社内表彰を受けた。それもあって1年後、組合員のグループは総務部環境室に移管される。

だが、CICに収容された人々は次々に辞めていった。一部は労使交渉で職場復帰を認めさせたが、抵抗をあきらめたり、早期退職加算金を受け入れたりした従業員も多かった。

もともと、リストラ部屋の人々は、誰が言わせているのかわからないような陰口を浴びている。

「あそこは能力のない連中が集められたところだ」

「俺たちは残業、残業で忙しいのに、遊んでいてカネもらえる正社員がいる」

そうした差別や陰口は、CICという第二追い出し部屋に収容された人々にも伝わってくる。それが見せしめのようでこたえた、という人もいる。

地方工場は都会とは違って地域での人間関係が濃密だ。従業員たちは、ソニーの住宅政策に乗って工場近くに開発された住宅団地に持ち家を建てている。一帯は「ソニー団地」と呼ばれるほど密集しているから、中傷はたちまち家族の耳にも入り、近所にも増幅したであろう。

そして工場には、正規のソニー社員とソニー子会社の社員、雇用の安定しない関連子会社の期間工、パートという区別があり、給料の差も激しい。期間工は年収が270万円程度だ。ソニー社員が首を切られ、仕事は徐々に給与水準の低い子会社や協力企業の社員に回されるという現実がある。事業縮小の逆風のなかで、リストラを推進する管理職でさえ、いつ首切りの対象になるのかさえわからない。地方の職場は、本社の社員には想像もつかない矛盾をはらんでいるのだ。

「リストラのモルモット役という面もあるかもしれません」と松田は言う。

そのような矛盾の中で、正社員を夢見て懸命に働く期間工が、何倍もの年収を取る正社員を羨んだとしても誰が咎《とが》めることができるだろうか。重い現実がリストラ部屋の人々の心をさらに沈んだものにさせた。

一方では、そうした中傷や悪意の声を撥《は》ね返せるほど、松田たちの組織は大きくはなかったとも言える。

ソニーの労働組合は1961年に会社側と激しく対立して分裂し、現在は労使協調路線を取る「ソニー中央労働組合」(組合員数4000人)が多数派を握っている。第一組合だった松田たちの「ソニー労働組合」(電機連合加盟)は圧倒的少数派に追い込まれていた。

それでも近年になって加入者が急増したのは、皮肉なことにリストラが繰り返されたためだ。組合のプレハブに駆け込んで来た女性の中には悔しさで涙を流す人もいた。松田は胸を打たれて顔を上げることができなかった。

ビデオテープの測定評価業務に従事していた佐藤美和子は２０１０年10月、地元出身の統括課長に突然呼ばれている。

「これまでの仕事は栃木の鹿沼工場で続けることになりました。あなたの仕事はありません。会社では早期退職者を募集することにしています」

佐藤は仙台の私立常盤木学園高校を卒業して37年目だった。３回ほど個人面談があり、

「どうですか？　決めましたか」

「絶対に辞めません」

「では、自分で社内募集（社内異動）を検討してください」

「私たちを受け入れてくれる部署なんかありません」

こんなやり取りが続いた。

彼女は転職を重ねる夫と子供４人を抱えている。手に職もなく、東北で転職するのは難しい。すると――お決まりのキャリア室異動が待っていた。

彼女の入った部屋は教室のように机を同じ向きに並べてあった。

「話をさせないようにだな」と彼女は考える。確かに、一日中、無言で時間をつぶすのは実に辛いことだった。

「私たちのころのリストラ部屋の場所？　あれはどこだったべなあ。陰口を叩くような奴は実際にこの部屋に座ってみろ、と思っていました。ばらばらで情報もないから弱い人は折れます。私は話せる人がいたけど、しゃべれない人は苦しくなる」と佐藤は言う。たまたま4人のおばさん仲間がいて、立ち上がってしゃべったり、部屋の外に行ってしまったりした。

そうして頑張っているときに、大震災は襲ってきた。

当時、副会長だった中鉢が復旧活動の指揮を執るために工場に乗り込み、その一方で政府の復興構想会議の財界代表のメンバーとなった。中鉢は復興構想会議の席上「イノベーションで新しい産業を興すことが東北や日本の経済活性化につながる」と訴えている。だが、最終的にソニー本社が打ち出したのは、逆に仙台テックの大幅な事業縮小だった。被災した解析装置は復旧不可能であること、激しい競争のなかでさらに開発のスピードが求められるとして、主な研究開発機能を厚木テクノロジーセンターなど首都圏に移管し、事業規模も縮小するという内容だった。

佐藤は震災後、自宅待機とボランティアの後、いったん職場を与えられている。１５０人の期間工が切られた、その穴埋めだった。

ところが、２０１２年11月、事業縮小を理由に再び、肩たたきに遭う。拒否すると55キロ離れた別の工場に出向するよう命令を受けた。「個人の事情を考えずに一律に首を切ろうとするなんて非情すぎる」と彼女は心の奥底から腹を立てる。「使える人間だって無駄にしているじゃないか」。そこで彼女は松田が支部委員長になっていた組合に駆け込み、加入する。一方、同僚たちは次々に辞めていった。

東日本大震災時点で９０５人いた仙台テックのソニー社員は７６５人に減る。さらに２０１３年８月時点で関連子会社や期間工を含めた従業員は、１４３６人から６０２人にまで縮小されていた。

そのなかで、佐藤は労働審判に持ち込み、申し立てから約10ヵ月後の２０１４年５月に現場復帰を果たした。労働審判の経緯は明らかにされていないが、ともかく職場で新規事業に取り組んでいる。

最初のリストラ通告から約４年――。

「なぜ、そこまで」と周囲は驚くが、彼女はいつも、「なんで会社の都合で私たちが辞めなくてはいけないんですか。現に仕事があって、ちゃんと仕事をしているんですよ」と真っ直ぐに言葉を返している。

リストラ部屋に追い込まれた社員はたくさんいる。ただ、彼女にはこれまでの人々とは決定的に異なる点がある。東京のリストラ部屋にいた多くの人々が、転機に希望を見出して、あるいはそれしかなくて結局、会社を辞めていた。だが、彼女は良くも悪くも会社にしがみついている。

「どんなことがあっても、自分で生活できるようにしておかなければいけないって思うと、ここにしがみつくしかないんですよ。だから私は、辞められる人は幸せだよなって逆に思うんです」

口の重い彼女がそこだけはっきりと言い切った。

2 〝盛田昭夫〟の諫言《かんげん》

その噂は「リストラ部屋」の面々を複雑な気持ちにさせた。苦々しく思ったり、「やっぱりか」と考えたり、どちらかといえば噂を聞いて気落ちする社員が多かったのである。

「ソニーの法務や広報部門の社員たちが、『Morita Akio』を名乗る、あの人物を追い詰めている」というのだ。

Morita Akioとは創業者・盛田昭夫の名と写真を借りて、ソーシャルネットワークのツイッター上で痛烈なソニー経営陣批判を続けている正体不明の人物のことだ。ソニーの社内レジスタンスの象徴的存在と見られているのである。アカウント名は「Moritaakio2」。「第二の盛田昭夫」ということだろうか。

にっこりと笑いかける盛田の遺影をプロフィール欄に掲載して２０１０年６月、彼はツイッター上に登場した。ハワード・ストリンガーがソニーの会長兼ＣＥＯ兼社長だったころだ。

〈私が去り大賀さんがいなくなった今、ソニーはブラック企業になってしまった様だ〉

Morita Akioは、「盛田昭夫」という神様の口を借りてつぶやき、リストラに反発する一握りの社員の心をつかんだ。ネット上の落書きなどとは違って、彼のツイートが16万７９００人のソニーグループ内にじわじわとフォロワーを広げたのは、根底にストリンガーとその取り巻き、そして高額報酬で連れてきた米国人幹部らに対する社員の反発があったからであろう。

〈朴訥で優秀なエンジニアはドンドン離職している。ストリンガー改革は、資産の売却と有能なエンジニアのリストラでしかない。上司を持ち上げる能無し（ある意味、ご機嫌取り能力だけあるやつ）だけが生き残っている〉と首脳を叱りつけたりして、社内の密やかな快哉を浴びた。

法務・広報部門がその人物の特定に躍起になるのは、ツイッターでなじられたためではない。

一つには、このツイートから、イントラネット「InterSony」の内容や不祥事、人事情報まで流出しており、情報の質から見て幹部や中枢の社員もが協力していると疑われるためだ。不祥事の暴露は、自殺や社内の高校野球賭博、幹部の賭けゴルフ、採用時の「学歴不問のウソ」などなど、多岐にわたっている。時には、情報誌の記事を引用し、「ソニー社員がソニー内定者へアドバイスするスレ」といった2ちゃんねるの情報も取り込んでそれを広め、「侵略者」や「占領軍」に対するソニー社員の抵抗活動という意味合いも備えているかに見える。

ＣＥＯのゴルフコンペを巡って取り巻きが秘書室の女性社員にまで1口２００円で〝馬券〟を購入させてお金を集めた――という暴露もあった。そう指摘したうえで、こんな風につぶやいている。

〈秘書室を解体して秘書をアウトソースして人件費の削減!?　そんな事をしたら、ゴルフコンペで馬券購入を強要された秘書連中は黙っていないだろう〉

Morita Akioの存在はマスコミにも知られ、批判記事のきっかけにもなっている。黙殺しているわけにはいかなくなったのであろう。

「Morita Akioは1人なのか、それとも複数の人物で作り上げられているものなのか」

ソニーのある幹部は首をひねる。

「少なくとも社内には関係者が確実にいます。情報を絞り込んで、一時はあのフロアの社員ではないか、と推定はしましたが、まだはっきりとはわからないようです」

このまま放置すればレジスタンスの勢いは増し、社内だけでなく株主にも動揺を広げてしまう――それが彼を追う2番目の理由だろう。

当のMorita Akioは2011年4月18日、こうつぶやいている。

〈東京電力の社員も肩身が狭いだろうけど、7年以上もずっと赤字のテレビ事業部を黒字化できないくせに1年間で10億円も報酬を受け取っている会長がいるソニー社員の肩身の方がよっぽど狭いよ〉

その年のソニーの株主総会は6月28日に開かれたが、その前日、彼はツイッター上で会社側が株主総会会場の前列に社員のサクラを仕込み、株主の批判を避けようとしている、と暴いた。かつてのソニーは8時間以上の時間を費やして株主と対話していたのだ。

「株主総会は一年にたった1度しかない、株主と直接対話できる貴重な時間だ。株主全員が納得できるまで説明し、理解を求めるのが経営陣の務めです」。盛田や同じ創業者の井深大《まさる》、そして5代目社長の大賀典雄も同じような言葉を漏らしていたという。

会社側の追及に対し、Morita Akioはそれを恐れるそぶりがない。こんな挑戦状まで叩きつけている。

〈こうやって会社の内情をツイートすることは決してSONYにとってマイナスではない。株主総会や投資家相手の表面的な決算発表で披露される上っ面の報告よりよほど確かだ。現場で見聞きした事実だけしか書いていないし、会社寄りのコメントも一切書いていないのだから〉

法務・広報部門がこの一連のツイートに神経を尖らせる3つ目の理由は、第6代社長・出井伸之からストリンガー、そして平井一夫と続く「リストラ型」経営陣の方針を真っ向から否定していることである。

〈社員をリストラして何の利益があるだろう。リスクを承知で社員を雇うからには、彼らを雇用し続ける責任が経営者側にはある。被雇用者に第一義的責任は無いのだから、景気が悪くなったからといって、なぜ経営者側の決定で雇われた社員が被害を一手に引き受けなければならないのか。会社と社員は運命共同体であり、たとえ不況になっても会社は利益を犠牲にしても社員の生活を守る義務がある。この主張は永遠に変わらない。社員の雇用を守る事なく、「ソニーのＤＮＡ」をことさら主張するのは止めていただきたい。このようなＤＮＡは無い〉

これらは２０１３年１月23日のつぶやきを並べたものだが、その内容はかつて盛田が唱えたリストラ無用論とそっくり重なっている。盛田は彼の著書『21世紀へ』（ワック）のなかで、「経営者はレイオフの権利があるか」と訴えている。以下の盛田の著述を、「Morita Akio」のこれらのつぶやきと読み比べていただきたい。

私は、アメリカやヨーロッパで経営者連中を前に講演するとき、よく次のような話をする。

「あなた方は、不景気になるとすぐレイオフをする。しかし景気がいいときは、あなた方の判断で、工場や生産を拡大しようと思って人を雇うんでしょう。つまり、儲けようと思って人を雇う。それなのに、景気が悪くなると、お前はクビだという。いったい、経営者にそんな権利があるのだろうか。だいたい不景気は労働者が持ってきたものではない。なんで労働者だけが、不景気の被害を受けなければならんのだ。むしろ、経営者がその責任を負うべきであって、労働者をクビにして損害を回避しようとするのは勝手すぎるように思える。われわれ日本の経営者は、会社を運命共同体だと思っている。だから、いったん人を雇えば、たとえ利益が減っても経営者の責任において雇い続けようとする。経営者も社員も一体となって、不景気を乗り切ろうと努力する。これが日本の精神なのだ」

盛田ならこう語っていたであろう——という気持ちが、「Morita Akio」の舌鋒、いや「つぶやき」をさらに鋭く、粘り強いものにしている。

これは第一の理由に重なることだが、ソニー首脳が「Morita Akio」を目の敵にするのは、そのツイート上にソニーの特異な経営体質と秘事が流布されるからである。大手マスコミが報じない高額報酬の矛盾を、早い段階から彼は指摘している。２０１

1年7月5日のつぶやきは次のような趣旨であった。

〈日本企業のくせに、年間累計で30日も居ない大勢の外国人役員にどれだけ報酬を払っているんだ。ストリンガーなんて年俸8億6000万円のうち、びた一文日本国内でお金を落とすことなんてないのに。日本国内で発生する費用は全て会社の経費。報酬はそのまま米ドルに換金されて、ニューヨークとロンドンで贅沢な消費に費やされる。

そんな高額報酬を決める報酬委員会メンバーはストリンガーが選んだ、名前だけが大きい企業を引退したご老人たち。4ヵ月に1回の定例役員会に顔を出すだけで年間1000万円以上をさらっていく連中が、ストリンガーに反旗を振ることなどない〉

その3ヵ月後のつぶやきでは、米国在住のストリンガーが、東京・恵比寿ガーデンプレイスにあるウェスティンホテルのスイートルーム（1泊50万円以上）を常時貸し切り契約して、いつでも宿泊できるようにしている、と批判した。

ウェスティンスイートの貸し切り契約は、ごく一部の幹部が声を潜めて語る事実である。ソニーの元幹部はこう語っている。

「その情報は本当です。スイートルームにハワードが泊まることはほとんどなかったが、突然来日するときのために必要とされていた。年間数千万円はかかっていたと思う。一方で社員に厳しいリストラを実施しており、ばかばかしい出費ではあったが、彼と取り巻きをめぐる報酬や出費の実態は役員にも知らされなかった」

Morita Akioの経営陣批判は一方的で、一部には思い込みもあり、ソニーの窮地を理解していない、という反論も成り立つだろう。しかし、彼のつぶやきには内部抵抗者のみが持つ凄みと事実の重みがある。

「会社の危機」を叫びながら、凋落の責任者であるストリンガーに巨額の退職金や報酬が支払われ、その全容はいまだに明らかにされていない。後継の平井一夫もドル建てで報酬を受け取り、本宅を米国に置いているため、日本の居住費などは会社負担と言われているが、会社は公表を避けている。そうしたことへの疑問がMorita Akioを生み、同志を集めさせ、二〇一六年に入っても社員たちに情報リークを促し続けている。

ソニーは、東京の街がクリスマスイブで賑わっていた２０１３年12月24日、「社長兼ＣＥＯ平井一夫」名の取扱注意文書を、ＥＶＰ兼ＣＦＯ（エグゼクティブ・バイスプレジデント兼最高財務責任者）の吉田憲一郎ら首脳に配った。配付先は「構造改革責任者」の15人と執行役・業務執行役員に限られている。

タイトルは「本社およびプラットフォームの構造改革の着手とチームの発足について」。

一言で表現すれば、再三リストラを重ねてきた本社で、費用と人員をさらに3割削減するという厳しい指示である。その極秘文書は間もなく社員へ、そして外部に流れた。乾いた雑巾をさらに絞りあげるトヨタ生産方式とは全く別次元の、無計画な策に怒った幹部がいたのだ。

次のような内容である。

〈現在のエレクトロニクス事業の経営状況は、昨年から続けている変革への取り組みにより、商品力強化やコスト削減による成果が出始めている一方で、想定以上の市場縮小や外部環境の変化が進む中、期初に掲げていた経営数値目標を見直しせざるを得ない状況に直面しています。

このような経営状況の中、ソニーの次への成長を考えた時、更なる改革の実行はもはや先延ばしする猶予はありません。そのため、私は今まで以上のスピードでもう一歩踏み込んだ改革をおこなうこととしました〉

そして、基本方針として〝小さな本社〟を実現し、「本社費用1300億円・人員2400人とともに2015年3月末までに30％削減（13年度10月見込み比）する」としている。ソニーの経営会議では、当初25%を目標にしていたが、これに5%上乗せし、さらに「本目標はグループ全体での削減であり、費用・人員の移管は削減とはみなさない」と厳命していた。これは第6次以降の構造改革の骨子となった。

ソニーが「セカンドキャリア支援」という名のリストラをスタートさせたのが1996年12月。第1次構造改革の始まりは99年だ。

リストラとは、Restructuring、つまり「再び構築する」というのが本来の意味で、リストラを成長戦略につなぐことが目的のはずだ。しかし、この間どんな成長戦略が描かれ、何が達成されたのだろうか。「今度こそやり切る」というリストラの発表からしばらく経つと、「想定以上の市場縮小や外部環境の変化」という言葉が持ち出され、再びリストラが実施される。そして、平井になってさらにリストラは加速された。応じようとしない人間はリストラ部屋で責め苦を負う。

左の図をご覧いただきたい。これは2003年度から2010年度にかけて、ソニーの東京、厚木、仙台のリストラ部屋に収容された社員の数を示している。

03年度当初、すでにリストラ部屋には総勢160人がいた。第1章に登場する斎藤博司や滝口清昭よりも前に送り込まれた人々である。

ソニーのリストラ部屋に収容された人数の推移

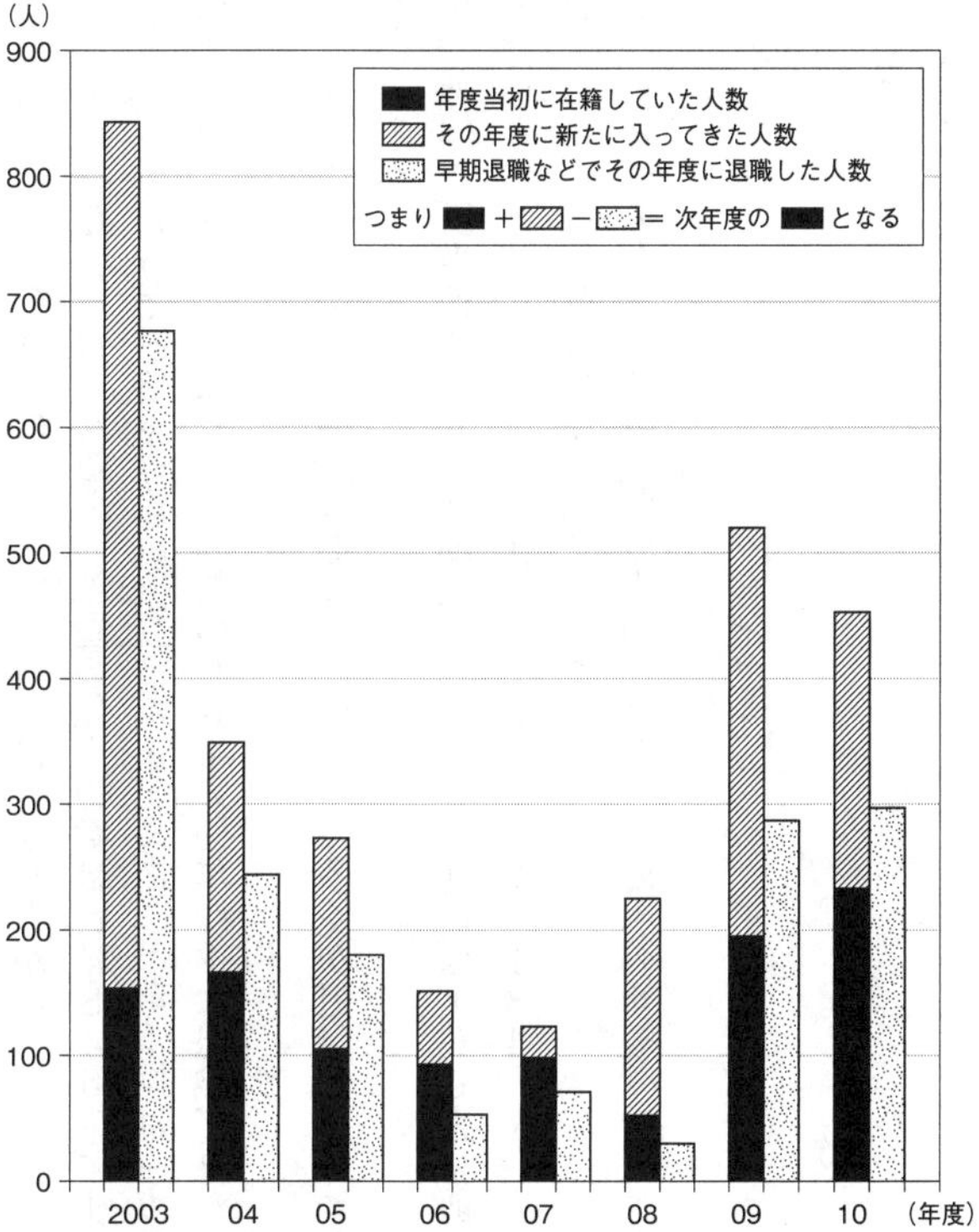

注　人数は東京・厚木・仙台3ヵ所の合計

03年度を見ると、1年のうちにその部屋へ新たに686人が送りこまれたことがわかる。もともとの在籍者と合わせると、部屋の住人の数は実に846人にまで膨張している。受け入れるだけでは済まないのが「追い出し部屋」、あるいは「ガス室」と呼ばれるゆえんで、受け入れ数とほぼ同数の681人を年度中に退職、または別の部署に異動させていた。

このリストラ専門部屋からの帰還はあまりないため、多くが退職していったと考えて間違いないだろう。

この結果、翌04年度当初にリストラ部屋に残っていた社員は165人。前年とほとんど変わっていない。04年度は、この在籍者に加えて新たに184人を収容し、244人が退職、あるいは異動で部屋を出て行った。

図のうち、各年度の在籍者総数（年度当初数プラス年度中の新規受け入れ者）をここに記してみる。

03年度　846人
04年度　349人
05年度　273人
06年度　151人

07年度 123人
08年度 225人
09年度 520人
10年度 453人
11年度は、当初在籍者の数(156人)しか明らかではないが、11年度以降もそれまでと同じように大量の中高年社員をいったん収容しては辞めさせる、という繰り返しを続けているとみられる。

これらの数字から2つのことが言える。一つは、03年度から8年間だけでのべ2940人もの社員がリストラ部屋に収容された。この8年間以外の収容人員を含めると、少なくとも3000〜4000人が「ガス室」に送られたと推測できる。

もう一つは、リストラ部屋には毎年春、いつも約100人から200人前後の在籍者がいたということだ。2013年春にも在籍者が150人ほどいたという情報もあり、10年経っても新たな在籍者の数は変わっていなかったことになる。

それは、かつて理想工場を目指した会社の、未曾有のリストラ史を象徴する数字である。

ソニーは2014年2月6日、とうとう「VAIO」PC事業まで売却し、同時に

「TV・PC事業などの抜本的変革」（第6次構造改革）とうたって14年度末までに国内外で5000人（後に2100人を追加）を削減すると発表した。もはやソニーにはリストラ部屋を置くスペースさえなくなりつつあった。

ソニーの元役員は、大手企業の役員から「ソニーはよく暴動が起きませんね」と皮肉られたという。少数の組合員を除き、抵抗したり、抗議行動を起こすような社員は会社を飛び出してしまっているということだろう。かくして、地下に潜ってMorita Akioを支持する、というわけだ。

3 「辞めさせる」研修

「あれ？」と、管理職たちの胸に湧いた疑問は研修会場に波紋のように広がっていった。

時間が経つにつれて、それは疑惑となって膨らみ、都合3回の研修が終わるころには、参加者の一人は確信した。

「なんだ！ つまり、俺たちは早く退職した方が幸せだというのか」

そして、こう考えた中堅幹部もいたのである。

――研修で会社がそこまで言うんだったら、俺も辞めてやろうじゃないか。

その研修会は、2014年にソニー本社人事部が管理職を対象に開いた「キャリア研修」を指している。キャリア研修は他の企業でも定年間際の社員を対象に開いているが、それらとは少し性格を異にしていた。それは研修が進むにつれて明らかになる。ソニーのキャリア研修には30歳、40歳、あるいは管理職対象といろいろあるが、この場合は特にセカンドキャリア支援を名目に、早期退職金や公的年金、転職後の年収などの試算を交えて将来をどう生きるのが有利なのか、中堅幹部に考えさせる内容となっていた。

会場には、「バリューバンド（Value Band）」と呼ばれる、統括課長から部長級までの約100人の管理職が集められていた。ソニーでは、年功的な職能給を廃止して、部課長級は職務や役割の価値、つまりValue Bandの大きさや価値で報酬や人事を決めている。彼らは価値ある働きをするべき人々なのである。だから、社内では管理職になると、「バリューバンドに入った」と言われ、本人もまた「一応、バリューバンドです」と胸を張る人が少なくない。

この研修では、誇り高い彼らに「ライフプラン」という3つの試算表が配られた。

1つ目が「定年退職」の場合、2つ目は「早期退職加算金などの退職支援がないまま転職した場合」、つまり自己都合退職である。そして3つ目に、「退職加算金を受け取って早期退職する場合」。

人事部側はその試算をもとに、あなたの生活はこれからどうなって、蓄えはいつまで続くのか、と中堅幹部たちに問いかけた。

「これら3つの試算は、いずれも社員が現在50歳を超え、奥様は専業主婦であるという仮定です。お子様は2人いらっしゃいまして、内訳はご長男が20歳、私立理系の大学生。ご長女は17歳の高校生、私立文系進学希望という家族構成を想定しております」

自分の将来がかかっている。だから、幹部たちは一言も聞き漏らすまいと、ボールペンや鉛筆でメモを書き入れている。

「1枚目の試算表は、定年退職した場合です。60歳定年時に退職一時金を受け取ります。退職翌年から再就職し、65歳まで毎年一定の年収があったとしても、生活水準を変えなければ64歳で貯金は尽きてしまいます。81歳までお元気ですと、企業年金や公的年金などを入れても貯蓄残高はずっと赤字となります」

軽いため息がもれる。続いて自己都合で退職した場合の説明である。

「この場合は、退職一時金などがあり、普通の世帯以上の蓄えがあります。ただ、翌年に再就職されて５００万円を超す年収を得たと仮定しても、こちらは59歳で貯金は尽きてしまいます」

「これはありえんなあ」

「うーん」

という声が上がる。そして、最後の早期退職の道である。

「いま転身されますと、退職金に加え、かなりの特別退職加算金を手にします。加算金の金額ですが、昨年、早期にお辞めになった管理職は３０００万円を受け取った人もいらっしゃいました。翌年から再就職して５００万円を超える年収を得れば、生活水準を変えなくても81歳の段階で貯金はまだたっぷりと残っている計算です」

中間管理職を早期退職へと誘導する、巧みな説明である。試算などは、前提となる数字を変えることによってどのようにもはじくことができる。「あれはどうにでも作れる試算なんですよ」と元人事関係者は打ち明けた。

そもそも、ソニーを早期退職して転職先が見つかる保証はどこにもない。国内に転職先がなかなか見つからないからこそ、かなりの数のソニーエンジニアがサムスンなど海外のメーカーに流れ、そこも数年で辞めさせられるという現実がある。

また、1番目の定年退職と2番目の自己都合退職の試算は、65歳以前に貯蓄が尽きることになっているが、収入が少なくなれば生活レベルを下げて年金と貯金で食いつなごうとするのが常識だ。ところが、この試算は基本生活費を高齢になってもほとんど変えず、住宅ローンや住宅関連費に年間200万円前後の資金をかけることにしている。

やはり、恣意的な試算だったのである。だが、「管理職の3割削減」を目標にした会社側は、これらの試算表を駆使した説明でかなりの管理職の心を早期退職に傾かせたという。

この研修の直後、「フォローアップ面接」という面談が開かれた。退職を意識した管理職に決断を促すためのものだ。面談室に現れたのは、人事部畑のOBであった。定年後、再雇用されたようだった。彼は課長たちを相手にさりげない話題から入って、管理職の悩みと不安を引き出したうえで言った。

「ところで、キャリア研修を受けられて、考えることがございましたか？」

「はい、早期退職について背中から押されるものがありました」

「そうですか。それでは人事部におつなぎしましょうか？」

優しく流れるような口調だった。流れ作業のような手際の良さに哀しさを感じた社員もいる。その時に退職を決意した社員の一人は怒りを抑えながら言った。

「一体、あのキャリア研修とは何が目的なんでしょうか。３割削減という目標を達成するためなら、リストラ研修と言った方がわかりやすいですよね」

あちこちの職場でそのキャリア研修が話題になった。

「何のためだったんですかねえ」

「あの研修会はちょっと変だったですよ。本当は何のためだったんですか？」

研修参加者にそう問われた幹部がぽろりと打ち明けた。

「辞めさせたい奴がいたもんだからね」

リストラの対象はしばしば上司のさじ加減で決まってしまうのだ。

歪んだリストラの横行は、ソニーに限ったことではない。また、ソニーを飛び出した者の中にも、近藤哲二郎のように、「ソニーだけを批判しないでほしい。リストラは構造的なものなのだから」と、かつて在籍した会社をかばう者がいる。

だが、ソニーの２０１４年３月期の連結決算の最終損益は１２８３億円の赤字だ。大手電機メーカーで唯一の赤字決算である。２０１５年３月期も１７００億円の赤字を見込んでおり、無配転落とスマホ事業の社員の約15％にあたる１０００人を２０１４年度中に、さらに２１００人を２０１５年度中に削減することを発表していた。

独り負けと言われる中で、２０１４年８月４日にソニーは、「ジョブグレード制度」と名付けられた新たな給与・昇進制度を社員や労組に提示している。Ａ４判４枚の社外秘文書は、〈社員の皆さんへ〉と次のように訴えている。

〈市場環境の変化に柔軟かつ迅速に対応し、持続的な競争力を有する集団に変化させることを目指して、コーポレートイニシアチブ「組織・人財の活性化」において議論を重ねてきました。

検討の結果、現行の等級・報酬制度や、人材育成・登用施策を見直し、新しい人事諸制度・施策を導入することが必要だと判断し、本日、労働組合との協議を開始いたしました〉

文書には〈社員の皆さんにとって一時的に厳しい施策となる側面もあります〉といった文言がちりばめられ、「結局、新人事制度は、報酬基準の引き下げやリストラを目的にしたものだ」と社員は冷ややかに評価する。

興味深いのは、社員あてのこの文書が極めて難解で、「何を言いたいのかよくわからない」という社員が少なからずいることだ。「意味がわからないように、あえて難しく書いているんですよ。社員の反発を招かないよう推進するのが大事ですから」と人事関係者は言うのである。

冒頭の挨拶に続いて、文書は〈この改革を通じて実現すること〉を7項目並べている。

1・現在の役割と市場水準に基づいた適正処遇の実現と人件費コスト競争力の強化
2・意欲と能力の高い次世代人材登用の促進
（中略）
6・社内募集などのキャリア支援施策の拡充による主体的なキャリア形成の促進
7・就業規則等の見直しによる新制度への適合や経営の効率化の実現

社員とともに、この文書に目を通していた仲間が「あれえ」という声を上げた。

「ここに『現在の役割と市場水準に基づいた適正処遇の実現』って書いてあるけどさ、無配に転落させて3億円も報酬をもらっているのは平井（一夫）社長だよね。適正処遇は社長自ら実現したほうがいいんじゃないの」

ソニーが6月26日に開示した有価証券報告書で、平井の2014年3月期の年収は3億5920万円だったことが判明し、社員たちを驚かせていた。内訳は基本報酬が1億8400万円、ストックオプション1億6420万円、所得税額の一部補塡などが１１００万円だった。その前年度の年収は２億１８００万円だったというから約１・８倍のアップだ。同業他社のトップと比べても突出しており、「赤字企業としては異様」とマスコミに叩かれている。

ちなみに左の図の通りストリンガーの年収は２００９年度に８億２５５０万円、10年度には８億８２００万円。11年度には４億６６５０万円を受け取っている。

この難解な「ジョブグレード制度」の導入を社員に通達してから間もない２０１４年９月には、統括課長を対象とした説明会が開催されている。

説明会資料には、いつものように赤地に白抜きの「極秘ＳＥＣＲＥＴ」の文字が12ページすべてにくっきりと刻まれていた。「最終的な内容は労働組合との交渉経緯を経て決定します」としているものの、その極秘文書にはこう記されている。

〈ジョブグレード制度を２０１５年４月から導入〉

その上で、会社側は統括課長たちにこう説明した。

「これまでのように、過去の実績や将来の期待要素を含んだ〝期待貢献〟ではなく、皆さんの現在の役割を時価評価する。それがフェアな等級評価であると考えています」

ソニー首脳の報酬（単位は億円）

ソニーの有価証券報告書をもとに作成

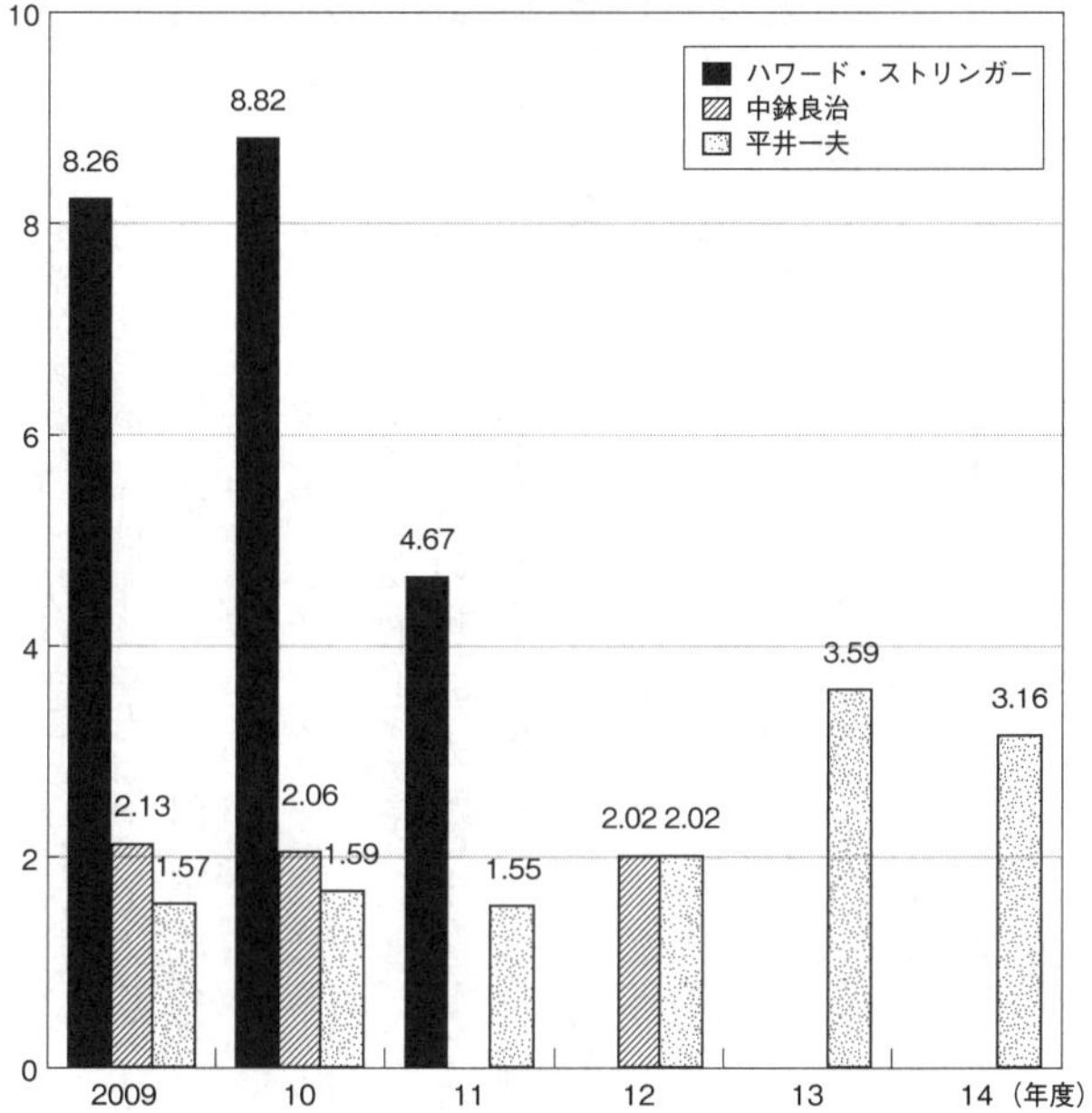

注1　報酬は「基本報酬」「業績連動報酬」「ストックオプション」などで構成される
注2　中鉢氏の2012年度の金額は退職金（株式退職金）を含む
注3　10万円単位は四捨五入

社員や組合関係者の話を総合すると、こういうことらしい。

ソニー社員の平均年齢は43・2歳。年間平均給与は860万円に上り、電機業界ではずば抜けて高い。製造業の年間平均給与は487万円（平成26年分）に過ぎないのだ。だからこそソニーは人気企業であり、誰に聞いても「いい会社」なのだが、経営陣としてはこれを国内大企業の水準に引き下げたい。つまり、大曽根が論文で批判した〝普通の会社〟にしようというのだ。組合関係者が言う。

「この制度の導入によって、多くの社員の給与が大幅に下がることは間違いないです。ソニーという会社は、プロジェクトが終了するたびに仕事や役割が変わり、統括課長から部下を持たない課長になることも珍しくなかった。新制度が実施されれば、給与まで激減する。社員が不安に思うのは当然でしょう」

ある課長は「ベテランのモチベーションを奪うな」と怒っていた。

「配当もできない会社なのだから給与が下がるのはやむを得ない。しかし、それなら赤字下で3億円もの報酬を取っている社長から率先垂範し、『申し訳ないが痛みを共有してほしい』と説明すべきでしょう。ところが、わけのわからないジョブグレード制度なるものを持ち出して言い訳をする。いったい社員に〝期待〟しない制度ってなんですか？」

終章

リストラでも奪えないもの

2013－2015

ソニーを辞めてから、品田哲《あきら》はゆっくりと食事を楽しむようになった。

その日の昼食に、料理の得意な邦子が作ったのはふんわりとしたオムライスである。地下の自室から上がってきた彼はテーブルの上を見るなり声をあげた。

「なんだ、こりゃ！」

ごはんを覆うとろりとした卵の上に、ケチャップで太く字が書いてある。

「プー」と読めた。プー太郎か。３６０日の失業保険をもらい始めた２０１３年の春だった。

「プーだってそこそこ忙しいんすよ」。彼よりも先に早期退職して失業保険を受給する仲間がこぼしていた。その話を妻は覚えていて、からかったのだ。

部長や課長職だったソニーのエンジニア仲間はこの数年、次々に辞めていた。すぐに転職を決めた品田の元同期社員もいる。妻にこう言われたからだ。

「ソニーを辞めるのはいいけど、家にいられるのはいやだからね」

別の友人も時を置かずに厳しい採用条件を呑んだ。リストラの時代に「元ソニー」の肩書など、ほとんど効果がない。面接で「ほう」と言われ、「どうしてまた、ウチへ？」と尋ねられることはあっても、50歳半ばという年齢が立ちはだかる。品田が「お前、ブラック企業に転職したんだってなあ」と茶化すと、「そうなんだよ」と仲間が乗ってきた。

「深夜まで働かされるし、残業代はつかないし……」

品田は冗談とも慰めともつかない相づちを打った。

「しかし、俺に比べりゃ、ブラックって色があるだけいいよ。俺は何しろ無色だからなあ」

その品田は毎月、自転車で渋谷のハローワークに通い続けてきた。

ＪＲ渋谷駅のハチ公前広場から井ノ頭通りを真っ直ぐ北に７００メートル向かう。そこに求職者の小さなムラがあった。いつも窓口が開く前から数十人、ピーク時には50人を超える人々が外に並んでいる。彼はその失業者の群れの中にいた。出向先からの帰任を拒否して退職し1年以上が過ぎている。

ソニーのリストラの波に洗われ、企業のくびきから放たれていた。宮仕えの意志は跡形もなく消えている。それでも失業保険は当面のライフラインだ。そのためにはハローワークなどで1ヵ月に2回程度の求職活動をしたという記録が必要なのだ。フルタイムでなくても働く場を求める期待もあった。

就職活動をした証拠を簡単に残す方法は、ハローワークのパソコンを使って就職案件を探すことだ。本来なら、探した募集案件はハローワークの相談員に見せ、その募集が有効かどうか確認する作業が必要なのだが、ハローワーク渋谷は、あまりに混んでいるためパソコンの検索資料だけで就職活動をしたという証拠となる。だから混んでいても、パソコンが空くのを1時間でも2時間でもじっと待っている。その日を「出頭日」と彼は呼んでいた。

「自宅で検索してはダメなんですか」

と相談員に尋ねたら、一蹴されてしまった。

「そんな検索は就職活動の証明にはなりませんよ」

彼の自宅近くには空いている穴場もある。例えば、目黒区役所の中にある「ワークサポートめぐろ」。就労相談窓口だ。ここには5台のパソコンしかないが待たずに済む。問題はパソコン操作をしている背後から、生真面目な相談員がじっと見ていることだ。だから、ただ求人情報を検索してその結果をプリントアウトするだけというわけにはいかない。一度、品田がワイン輸入業者の人材募集をプリントアウトして持ち帰ろうとしたら、後ろから声がかかった。

「おたくは検索しただけでいいんですか？」

「はい、まあ……」

「就労相談をされなくてもいいんですか？」

詰め寄られ、彼はしかたなく初老の相談員に検索結果を提示した。すると、相談員がワイン輸入業者に電話を入れ始めた。

「こちらは目黒のハローワーク出張所です。お宅の人材募集に応募したいという方がいらっしゃるんですが、よろしいですか」

そして、話をつけてしまった。

「はい、では応募書類をお送りさせていただきます」

彼は品田に向き直った。「では遅くとも明日までに履歴書とお渡しした推薦状をその会社に送ってください」

品田は面接に呼ばれるものと確信していた。採用されたら困るな、というのが本音だったのである。だが、結果は不採用。愕然とした。「あなたは要りません、か」。また、妻に「プー」とからかわれそうだ。不採用の理由を聞きに行くだけでも就職活動の証拠になるので、再びワークサポートめぐろへ。彼は努めて明るくふるまった。

「書類だけで、私がどうしてダメなんですか？」

「たいていの場合は、結果通知書の項目欄にコメントがあるんですよ。ところが、あなたの通知書には、それがないですね」

ハローワーク側に届く不採用の理由は次の5つだ。①業務内容が合わない②技能・

経験・知識の不足③賃金が折り合わず④始業・就業・残業時間が合わない⑤その他——である。

相談員が検索した通知結果には、「その他」のところに○が付けられているだけだった。他には何も記されていない。彼がちらりと見た他の人の理由書には、手書きで不採用の理由が明記されていたから余計に気になったが、相談員の返事はつれなかった。

「たぶん、こういった場合は年齢ということが多いんですよ」

「井の中の蛙、大海を知れということですね」

ソニー車載機器事業部の課長だった岩出勝彦は言う。「車載一家」のメンバーの一人で、品田の部下だった彼もまた、自信満々で応募した家具店に断られている。あの職場はいいなあ、ちょっと頑張ってやろうかなと思ったり、椅子に半分お尻を乗せたぐらいの気持ちになっていたりした時に、「今回は残念ながらご縁がございませんでした」と通知が来る。それで椅子から転げ落ち、1週間ぐらい起き上がれない。

離職を決断した者の多くが、送別会のはしごの後で現実に突き当たっていた。古手のエンジニアは世の中に溢れているのだ。管理職でいる間に、かつて身に付けた技術は時代遅れになっていて、思うような再就職先は見つからない。自宅で考え込んでしまい、追い詰められていく。外部との窓口はハローワークか、リクルートやパソナのような再就職を支援する会社だ。早期退職の〝特典〟として、ソニーはこうした再就職支援会社に転職サポートを依頼している。そのためにソニーは大枚をはたいているのだが、「辞めソニー」と呼ばれる元社員は、こうした〝再就職予備校〟に出かけて諭される。

「まず、自分の特長と欠点を見つけることが大事です。ソニーのブランドを忘れ、プライドを捨てましょう」

そこは自分一人がリストラされたのではないことを確認する場でもある。

「再就職会社で言葉をかけあってほっとしたことは事実です。しかし、それだけのことで、家族でもいないとなかなか辛いですね」と元課長は告白する。

岩出は離婚して独り身だが、離れて暮らす娘がいる。音楽と車とその娘が生きがいで、小さな夢をあたためていた。彼は失業中も2台の中古車を手放さずにいた。1台はマニュアルタイプの可愛い軽オープンカーで、娘が運転免許を取ったらプレゼントするのが夢だった。

その日が来た。

「車のプレゼントがあるよ」

すると、あっさり断られたのだ。

「いらない」

「えー、父ちゃん、がっかりだよ」

娘に譲るために整備し続けていたのだ。だが、娘の免許はオートマ限定だし、車自体にも興味がなかったのだろう。子供は親の思うようには育ってくれない。

生きがいのささやかな形だったその車も売って、岩出はしばらく仕事に打ち込むことにした。現在はミニプリンター会社の海外営業部で、「岩出課長」と呼ばれている。ソニー時代は職名ではなく、「岩出さん」と「さん」付けだったから、少し面はゆい。

友人たちにはこんなメールを送った。

〈〝モノ造り〟の現場で生きて行きたい、との思いが強くありました。現在の会社は、本社プラス国内営業所で100名、工場(山梨です。これこそMade in Japan!)で50名程の規模ですが、真っ当なモノ造りをしているところを見て、決断しました。

これから造るべきモノを社内で考え、それを社内設計でカタチにし、自力で全世界に販売している会社です。私は海外営業部（課長職）で、先進国から中南米、アジア、中東、アフリカまで、文字通り全世界に紹介、販売する業務を遂行しています。

１９７９年創業、70歳の創業社長がガンバル、古い体質の会社ですが、この会社が生き残る為には、他社と一味違う、独自の商品を造って行かなければならないとの強い信念を感じさせます。古いスタイルかもしれませんが、自分としては、それこそ真っ当なモノ造りであると思い、身を投じました〉

岩出の先輩格で部長だった田中栄一は、フランス系エレクトロニクスメーカーの車載部門でマネージャーを務めた。人材登録をしていたら、イタリア人のエージェントから英語でオファーが来て気が動転した。完全フレックスタイムで、「ちゃんとやっていれば時間の使い方は任せます」という企業である。

彼は起業の夢も持ち続けている。妻はその望みを知っているので、「あれ？　あなたはあんまり働かないいんじゃなかったの」と言われている。しかし、職が決まらなかったときには自分の部屋に閉じこもる夫だったから、妻はほっとしているようではあった。

こんな転職も過渡期の選択肢としてはあるということだ。

その岩出や田中にとって、悠然たる品田の生き方はうらやましくもある。

失業保険が切れた日、品田は、東京都品川区のマンションに「TEKNI-S」という看板を掲げた。旧ソニー本社の最寄り駅だった五反田駅のすぐそばだ。ベンチャー企業の顧問にも就き、富士通やソニー、ダイハツなどを相手に自分の好きな仕事を選んで、何とか食べている。回路設計のアドバイスから、3D撮影技術を生かしたプレゼンテーションの作成、音楽録音編集、フランス語の翻訳、音楽会の主催に至るまで何にでも首を突っ込んで、自分と妻のために生きている。

彼は50代の折り返しを過ぎ、子供はいない。何かを残せるとしたら他人の記憶の中しかないのだ。最近は、技術アドバイスや翻訳、音楽、何でもいいから、関わった人々のなかに品田という記憶を残して死にたいと思うようになった。あるいは、この時間のためにソニーを辞めたのかもしれない。尊敬する井深大《まさる》がこんなことを言っていた。

「どんな最新機種をこしらえても数年で陳腐化してしまうが、人間を育てるとそれは永遠に続く可能性がある」

12畳ほどの品田の事務所は、ソニー時代の仲間たちの情報交差点だ。元社員たちの間には、再就職先や新たな仕事の情報を交換したり、悩みを打ち明けたり、自分を取り戻したりする一種の退職者ネットワークが構築されている。その一隅に彼はいた。

　そして、そこには現役の社員からもメールが入る。

〈私たちの会社はとうとうこんな商売まで始めてしまいました〉

　後輩のメールからは、ソニーエンジニアたちの歯嚙みの音が聞こえるようだった。

〈ソニーは、ニューヨークの米国本社ビルや御殿山の旧本社ビルなど不動産を次々に売却しています。エレキ（エレクトロニクス事業）を復活させるための資金を得るためだったはずです。まさか、不動産業自体をソニーの商売にするなんて……〉

　それは、２０１４年４月24日にソニーが発表した「新規事業」第一弾に対する社内の驚きの声だった。２億５０００万円の資本を投じて東京・銀座に「ソニー不動産」を設立し、不動産の売買仲介や賃貸管理ビジネスに乗り出すというのである。すでに新規事業の創出を担当する専門組織を設置し、不動産業を手始めに、今後3年で10を超える新事業を始めるという。

　衝撃を受けたのは現役の社員だけではない。リストラ対象になりながらも「ソニーを愛してやまない」というソニーの元部長は自身のブログにこう記した。

〈工場を売り、ビルを売り、土地を売り、人を売り、今回ブランドまでもが売りに出されました。こういった会社は「何業」に分類されるんでしょうね。資産を売ってる

わけだから不動産業ですか。なるほど〉

「ソニー不動産」発表直後に、経営陣は2014年3月期業績見込みを、またもや下方修正せざるを得ない事態に追い込まれていた。前年10月、2014年2月に次いで3回目の修正で、赤字は1100億円から1300億円にまで膨らむという。「新規事業」の発表はそんな時期にマーケットやマスコミに向けて、少しでも好材料を打ち出したいということであったろう。

しかし、「5年後に年商500億円を目指す」という、その新事業は評価されるどころか、むしろ、ソニーの落日を象徴するものとして受け止められた。「不動産事業参入」のニュースが公表されたその日、ソニーの東証株価は前日より3・1%下落、その後も下がり続ける。中国ニュース配信サイト「Record China」は〈不動産事業計画が今後のソニーの核心業務となる可能性は高い〉と皮肉交じりの海外目線で報じている。

〈ソニーのCEOに昨年就任した平井一夫氏は、就任直後から赤字経営の立て直しに奔走、思い切った挽回策を次々と講じた。（中略）近い将来、私たちの記憶にある日本の電子企業がこぞって、電子電機業界から影も形も見えなくなる日がやってくるかもしれない〉

――俺はあの時に会社を辞めておいてよかったのかもしれないな。ソニーの惨状を見なくても済んだのだから。

品田は小さな溜め息を洩らした。退職組の方がずっと元気がある。

２０１４年末に入ったメールには〈バタバタしています〉と記されていた。

元海外営業本部課長だった斎藤博司からのものだった。かつて、ソニー13号館の「ガス室」に収容され、第1章の公園居酒屋で酒盛りをしていた通称「ハッサン」である。彼は２０１４年秋のパリのモーターショーに出かけた後、連絡が絶えていた。1年半くらいかけたアンドロイドＯＳベースのナビソフトビジネスが確定して量産化の準備に入った、とある。

〈いろいろなプログラムが目白押しで、大変多忙な日々を送っています。ソニー時代よりも過酷な状況になってきて、体がついていかなくなりそうです〉

頑張ってるんだな。そう呟きながら、品田はメールを返した。御殿山の旧ソニー本社解体が始まること、リストラが続いていること、そして、五反田の事務所にまた遊びにきてください、とも。

品田が敬愛するエンジニアがいる。第3章に登場した近藤哲二郎だ。ソニーを飛び出した彼の「I^3（アイキューブド）研究所」は設立から5年余りが過ぎている。応援団でもある品田は2014年秋、I^3研究所で次世代液晶テレビ「PURIOS《ピュリオス》」を見学した。それはシャープと組んで開発したもので、フルハイビジョン信号の4倍の高精細な解像度を持っている。1台250万円という並外れの高級機だ。彼らはこの次世代液晶テレビに続き、大画面プロジェクター向けの映像信号処理技術を開発したりして、業界を驚かせ続けている。

近藤自身はソニーに辞表を提出した記憶がない、と言う。そんなことを漏らすから、「近藤君はまだソニーの御殿山に心を置いているんじゃないか」と旧友に言われたりもする。

ソニーの業務執行役員SVPだった尾上善憲《よしのり》はいま、近藤のライバルとなっている。一宮テックの閉鎖を決めた後、その責任を取りソニーを辞めてしまった男だ。横浜の電気機器メーカーを経て、いまは韓国資本のLGエレクトロニクスジャパンラボ（日本研究所）の代表取締役として、100人を超す日本人エンジニアを束ねているのだ。ちなみに同社の社員の1割がソニー出身者である。2013年夏には、先駆的な32インチ型パネルを開発し、AV機器専門誌「HiVi」でクラス最高の「高画質パネル」と評価された。

ＬＧエレクトロニクスは、薄型テレビ開発に立ち遅れたソニーに、４種類の液晶パネルや業務用のディスプレイを供給してくれた会社だ。人、モノ、カネを集中してソニーを助けてくれた、という恩義を尾上は感じているという。

韓国企業に転身したことで、「技術流出」や「売国奴」といった批判を受けることもある。だが、彼を知るソニーの元役員はこう語る。

「尾上君が外資に行ったことを批判する人がいるが、彼は好き好んで辞めたんじゃない。リストラを負わされて半ば追い出されたようなものだ。ソニーを辞めて『I^3研究所』を設立した近藤哲二郎君もそうです。みんなソニーが好きで好きで、辞めても好きな人ばっかりですよ。それをどうこう言うのは恥ずかしいことだ」

そもそも、技術や個人には国境はないのだ。かつては日本も欧米から技術や技術者を取り入れ、それをモノ作りの基礎とした。韓国や台湾、中国は隣国なので技術や技術者の流れがよく見えてしまうのだが、国境を越えていく技術と循環の流れを阻むことはできない。そして、エンジニアの心の奥底にあるモノ作りの情熱も止められない。

ソニーの創業者である井深大は１９６９年１月、年頭経営方針でこう語っている。

「自分の働くところを、自分の才能をどう伸ばすべきかを本気になって考えてほしい。自分の能力が最高に発揮できる、もてる力をフルに発揮して自分というものをさらに高めることのできる場所を探すのは、あなたの権利であり義務である。人に頼ってはならない。あなたのことをあなた以上に知っている人はいないのだ」

いま、近藤たち29人にとっては「I^3研究所」が、尾上の場合はＬＧエレクトロニクスジャパンラボが、自分を高める「その場所」なのだ。

第４章で紹介した、自らリストラ部屋行きを志願して辞めた「流木エンジニア」こと、長島紳一は２０１４年5月、一人で税務署に開業申請をした。

彼は早期退職をした後、失業保険をもらいながら、再就職者のためのブログやサラリーマン人生史を書き、第二種電気工事士の資格を取って、次の夢に備えてきた。木工工房を開きたいのである。オリジナル家具を作り、工芸教室を開き、その隅で料理好きの妻がパンやケーキを焼いて提供する。妻は2年間、パート勤めの傍ら、パン教室に通って講師の資格を取得した。長島は既にＤＩＹアドバイザーの資格を取り、ホームセンターでアルバイト修業を重ねた。若い社員から罵声を浴びたこともある。

「何日たってんだよ！　もういい加減仕事おぼえろよ！」

「あんたは普通の人の半分しか仕事してないじゃん。朝から今まで何やった？」

「あのさあ、いい加減手ぶらで行き来するのやめてくれないかなあ」

怒鳴られるたびに怒りをぐっと飲み込んで考える。これも夢への一歩だ。

いまは、電子部品メーカーやＩＴベンチャー企業と顧問契約を結び、電子部品メーカーが工場を置く中国・広州に出張したり、商品設計をしたりして稼いでいる。平均月収は50万から60万円。妻と娘を生活の中心に置いた、自由闊達な毎日だ。入社当時に夢見た、「いやんなっちゃうくらい楽しい」、そんな仕事に近づいているように感じる。迷った末にたどり着いた道だ。

井深大や盛田昭夫が建設したソニーという理想企業の夢は崩れ去ろうとしている。いまは、そのＤＮＡを抱えて飛び立ったエンジニアの心のなかに、それぞれの理想工場がある。


（文中敬称略）

あとがき

家電業界を中心にしたリストラに、私たちが寛容になったのはいつごろからだろうか。

昨日は1万人、今日は5000人と、日本を代表する企業が「余剰人員」を削減すると発表しても、それが異常とは思わなくなっている。恥ずかしいことだが、私もソニーにいた知人たちが次々にリストラに巻き込まれ、ようやく疑問に突き当たったのだ。

彼らは余剰人員とみなされるべき人たちなのだろうか？　そもそも余計な者を雇っていたということなのか？

会社側は退職勧奨した後、リストラ部屋に留まる社員を「長期滞留者」と呼んでいた。辞めさせるのは会社の都合なのに、まるで問題社員扱いである。

よく知られていることだが、ソニーは「理想工場の建設」を目標に掲げたメーカーである。創業者の井深大氏は会社の目標を〈真面目なる技術者の技能を、最高度に発揮せしむべき自由闊達にして愉快なる理想工場の建設〉と設立趣意書に書いている。

もう一人の創業者である盛田昭夫氏は「ソニーはレイオフをしない」と国内外で宣言をし、著書にも記した。

それだけに現実との差は際立っている。冒頭に掲げたソニーのリストラ年表や、第7章で示した「リストラ部屋」に収容された人数の推移をご覧いただきたい。出井伸之ＣＥＯの下、１９９９年に始まった経営機構改革（第１次構造改革）以来、ほぼ切れ目なくリストラが続いてきたことがわかる。スタート時にはまだ就労構造の是正や事業所の再配置という側面が強調されたが、次のハワード・ストリンガーＣＥＯ時代以降は首切りやコストカットが目立ち、早期退職者とリストラ部屋に送られる社員が急増していった。

最近になって、ソニーは「いたずらに規模を追わず」と言い始めている。井深氏が設立趣意書に掲げた原点の一つだ。吉田憲一郎ＣＦＯのベンチマーク（指標）は、富士重工業だという。「スバル」のブランドで知られる富士重工は世界シェア１％。トヨタなど国内大手８社の中でも販売台数は最下位だが、営業利益率で１位だからだ。それは拡大路線を走ってきたソニーの経営方針に対する反省であり、旧経営陣に対する批判を内包している。

かつての大企業経営者はもっと謙虚で社員の苦痛にも敏感だったのではないか、と私は思う。人にはみな、他人の不幸や苦痛を見過ごしにできない本性があるという。そんな孟子の性善説を引き合いに出すまでもなく、少なくとも激しいリストラを実施するCEOが年に8億円以上の報酬を受け取ったり、無配に転落する会社の社長の年収が増えたりするようなことはなかった。それはトップの変質と、ソニーという理想工場の終焉を象徴する出来事である。

企業社会を見守るマスコミもまた、日本経営に「人間尊重」や「人との共生」を求めていたのではないか。1995年5月23日付の日本経済新聞は、〈日経連報告に欠けている人間的側面〉と題する社説を掲載している。これは日本的経営の転換点となった日本経営者団体連盟（のちに経団連に統合）の同年の報告書「新時代の『日本的経営』」をやや批判的に論じたもので、次のように説いた。

〈まず感じるのは「人間尊重の経営」「長期的視野に立った経営」を堅持すべきであるとしているにもかかわらず、バブルの時代にやみくもな採用に走り、その後バブルが崩壊するや一転して「余剰人員」の名のもとに従業員減らしに血眼となった反省がほとんど見られないことである〉

それから20年。大企業では「人間尊重の経営」や「長期的視野に立った経営」が実現されているのか。〈「余剰人員」の名のもと、今も血眼の従業員減らし〉が続いているのではないか。

日経社説によると、優良企業の代名詞ともなった米ＧＥのウェルチ会長がかつて、「良い会社とはどんな会社か」と聞かれて、「社員が朝、鏡の前に立ったとき、さあ今日もがんばるぞと燃えられる会社でしょう」と答えたという。

そのＧＥを一時、経営の手本としたソニーはどうか。「さあ今日もがんばるぞと燃えられる会社」なのか。皮肉なことに、その覇気や野心はむしろソニーを辞めた人々の中に見出すことができる。私はそれを大声で告げたいと思う。

２０１２年７月から、私はソニーの退職者たちを本格的に取材し始めた。驚くことの連続であった。

まず、早期退職後も「幸せに生きている」と語る元社員が実に多いこと。

「リストラ部屋」があふれるほど、職場から追い出される者が相次いでいること。そんな住人までが共通してソニーへの愛情を語り、再起を期してほとんど愚痴らないこと。

さらに、リストラ部屋に自ら身を投じたエンジニアがいたこと。

リストラを実行した役員の中に「こんなことしていて罰あたらねえのか」と辞めた者がいたこと。

「ヒト切り」と異名を取った女性人事部員が退職加算金をもらわずに毅然と早期退職したこと──。

私はリストラ部屋の住人たちの素顔をソニー凋落の軌跡に重ね合わせて、月刊誌『ＦＡＣＴＡ』の２０１３年10月号から書き始めた。『ソニー「追い出し部屋」』というその連載は当初３回の予定だったが、社員たちから次々に情報が寄せられ、５回、10回と続いて、結局18回の長期連載になってしまった。

「これはニッポン株式会社そのもののきしみです。実録として書き続ける意義があります」

『ＦＡＣＴＡ』の宮嶋巌編集長からそう励まされて、続けられたことである。その連載の出版を、講談社第１事業局企画部の青木肇氏にバトンタッチしてもらい、加筆して一冊の本にまとめた。

ここに登場するソニーの人々は、リストラ部屋に収容された社員を含めてすべて実在の人物である。リストラ部屋の元住人には全員実名記載をお許しいただいた。仮名にした吉松こころ氏にも、のべ20時間以上も取材に対応していただいている。そうした誠意と勇気に深く敬意を表したい。

ただ、ソニーのリストラが終わったわけではなかった。

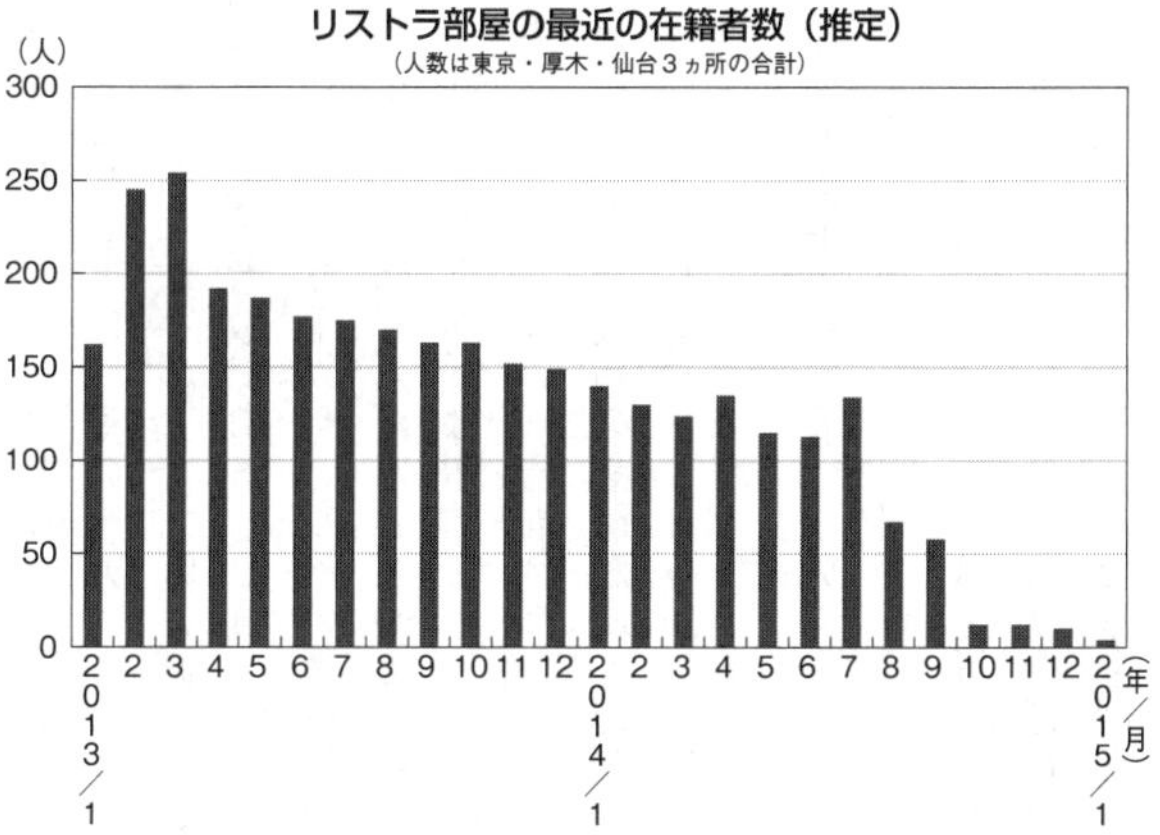

ソニーの早期退職者募集は２００８年以降を見ても10回近くに上る。▽２００８年（全社員対象）▽２０１０年（部門限定募集）▽２０１１年（キャリア開発室対象）と続き、「ストリンガーチルドレン」と呼ばれた平井一夫氏が社長として登場した２０１２年に入ると、間接部門（総務や人事部門など）を含め、１年間に３度も実施されている。その後も２０１４年（本社間接部門対象）、２０１５年もまた２月から募集が始まった。ソニーは２月４日の記者会見で業績が回復していることを強調したが、同時に第６次リストラは目標の２０１４年３月末までにはやり切れず、２０１５年度末までにスマホ事業で２１００人を追加削減することを表明している。つまり、

リストラは2015年以降も続いたのである。

不思議なことに、その一方でキャリア開発室、つまり「追い出し部屋」に収容される社員たちは数字の上で大幅に減っている。前ページの図は、ソニーキャリア開発室の最近の在籍者数である。2013年1月以来、社内名簿などで拾った推定値だが、同年3月に251人もいたその数は年々減少し、2014年8月から急に2桁、2015年1月には4人だけとなっている。

ではリストラ部屋は閉鎖されるのだろうか。

実はそうではない。管理部門のキャリア推進部はそのままだったし、ソニーの内部文書にはこんな趣旨の記載があった。

〈2010年から、キャリア室の長期滞留者(6ヵ月経過時)にPDF業務をさせる〉

〈2012年からSTC(ソニーテクノクリエイト)業務サービス部に出向業務を移管し、2年経過した長期滞留者はSTCに出向させる〉

STCは業務支援サービスを行うソニーの子会社である。

「リストラ部屋」が国会で取り上げられ、民事訴訟や労働審判に発展して、批判が強まったためであろう、肩たたきを拒んだ社員たちをリストラ部屋からこんな子会社に次々と送り込み、単純作業をさせているわけだ。これが新たなキャリア室政策だった。

「他にも隠れリストラ部屋と言われる部署があります」と社員たちは証言する。追い出しの実態はますます見えなくなっているのだ。

清武　英利

2015年3月

文庫版のためのあとがき

『切り捨てSONY』を上梓して1ヵ月ほど経ったころ、社員たちが「新リストラ部屋」と呼んでいる場所を歩いていた。私が辿り着いたのは、いずれも子会社であるソニーテクノクリエイトの単純作業所である。

一つは東京都大田区西糀谷2丁目の「蒲田ラボ」の中にあり、もう一つは神奈川県厚木市の厚木第2テクノロジーセンター内にあった。この2ヵ所で当時は計70人以上が在籍していた。さらに他の作業所や研究開発部門などでも数十人が単純作業に従事していると言われていた。

仕事は、PDF化作業、パソコンの解体作業、デモ機の貸し出し受付などで、共通しているのは外注や学生アルバイトでもできる作業が多いことである。「エンジニアら正社員の誇りを傷つけて、退職へと追い込もうというのが狙いですよ」と社員は言った。

厚木第2テクノロジーセンターでPDF化作業に従事させられていた社員は、「リストラ部屋よりも精神的に辛い。病んでしまった人が何人もいる」と証言した。

厚木工場は、創業者の井深大がソニーの世界進出を賭けて相模川の河原に建設したトランジスタ製造工場である。１９６０年に完成したとき、井深は工場落成披露式で、「日本は世界を相手に、安くそして優秀な製品をどんどん作らなくてはなりません。厚木工場はその布石です」と挨拶している。現在は第1センターとその奥の第2センターから成っているが、いつもモノづくりの拠点であった。

だが、厚木のリストラ組には苦行の場でしかない。ソニー株式会社の正社員である彼らはテクノ社に出向させられた後、３班に分けられ、約20人がＰＤＦ作業、５人ほどがリサイクルに出す前のパソコンから基板を抜き、残る５人は工場で薬品を運んでいた。

前述の厚木の社員の場合は、午前9時から午後5時半まで一日中、古い技術資料を電子化していた。ベージュ色の広い部屋にはパソコンを置いた長机が並んでいる。端に5台ほどのスキャナー。そこで段ボールに山積みされたソニーの技術レポートや設計書類などをスキャンし、卓上のパソコンでＡ４判のＰＤＦにひたすら取り込んでいく。45分の昼休みを挟んで一日中、「学生バイトでもできるスキャニング」作業だ。私語は禁止。ソニーではあらゆる情報がイントラネット「InterSony」に掲示されるが、彼らには社内人材募集の情報も含め、その閲覧は共有のパソコンで一日30分間しか認められていない。

彼は怒りを押し殺して言う。

「リストラ部屋の場合はパソコンを自由に使え、再就職のための勉強やレポート作りができました。それが心の逃げ場になっていた。でも、ここにはその自由もない。同僚は休職しています。会社を辞めないということがそんなに悪いことですか。仕事はあるじゃないですか」

ソニー首脳はソニーの業績が回復したと胸を張り、「大掛かりなリストラは終了した」と宣言した。だが、その裏に押しつぶされそうな社員たちがいる。

そんな見えないリストラの現場で意外に強かったのが、中高年の女性社員だという。団結心が強く、見栄を捨てているから簡単に心が折れない。会社側がうかつなことを言うと猛然と反論するという。

「よく頑張れるねえ」。ソニーを見限った男性がテクノ社に出向させられた女子社員に言葉をかけたら、こうやり返されたという。

「私たちは追い出し部屋でリストラに耐えてきたんですよ。みんな苦労体験者ですから人間関係も良いんです。『SONYのゾンビ』と言われていますが、頑張りますよ」

どんなリストラでも奪えないものが心にあるということだ。この本を文庫化するにあたって、『切り捨てSONY』から、『奪われざるもの』に改題した所以《ゆえん》である。

一方、ソニーを去った者たちは、波に乗れたものと波に抗うものとに分かれている。少なからぬリストラ人《びと》がこの1年の間に転職先も辞め、また新天地に転じていた。だが、わたしたちの人生そのものが生きがいを求めるもがきだと考えれば、自分にとっての理想企業を求めて次々と転職することも驚くにはあたらない。

井深もまた転職組だった。転じた末に創業し、町工場から作り上げたソニーだったのだ。

清武　英利

2016年4月

解説

後藤正治

テープレコーダー、トランジスタラジオ、ウォークマン……に親しんだ世代にとって、ソニーは技術力に秀でた輝かしい会社だった。電池などを求めて家電売り場をうろついていても、ついソニー製を選んでしまう癖が残っている。そんなソニーであったのに、近年、幾度も人員削減のニュースに接するようになった。本書は、リストラ時代に直面したソニー社員たちの苦難の日々を伝えるノンフィクション作品である。

能力開発、セカンドキャリア支援、キャリアデザイン、キャリア開発……時々で名称は変わったが、社内に「リストラ部屋」が設けられてきた。社員たちは「追い出し部屋」とか「ガス室」とも呼んだ。

ソニーの仕事を最前線で担った人々であるのだが、年齢を重ね、所属先が不採算部門と見なされ、あるいは上司に煙たがられ、部屋の住人となっていく。打ち込むべき仕事はなく、同僚との会話もない。夕刻、社の近くの公園で、缶ビールを手にした住人たちの〝野外居酒屋〟が生まれている――。

本書はそんな情景から書きはじめられている。

愛称「ハッサン」氏は四十代。花形の海外営業マンとして中近東やアフリカ諸国を担当し、車載機器の海外マーケティングを統括する課長もつとめた。ハッサンとは中近東時代に付けてもらったミドルネームに由来する。

働き過ぎからであろう、うつ状態となり、機内で「ストレスによる過呼吸」で倒れる。短い休暇を取った後、職場に戻る。異常と不安は酒を飲んでごまかしていた。

ハワード・ストリンガーが会長兼CEOに就任した時期、社員の意見公募があった。自由闊達「出るクイを求む」がソニーの社風であったはずだ。ハッサン氏も意見書を書く。「誰が書いてもいい、本人が目を通す」ということであったので結果を問い合わせると、上司から「お前は何様だ」と叱責される。うつ状態がぶり返し、休職と復職を繰り返す。やがて「君はいったん、キャリア室で体を治したほうがいい」という指示を受ける――。

「リストラ部屋」周辺には、豊かな社歴をもつ人が少なくない。

「準静電界」の実用化に取り組んでいた情報技術研究所の上級研究員、百以上の特許を取得してフランス・アルザス工場の設計チームにも加わったエンジニア、新規事業の創出にかかわった事業開発課ビジネスプロデューサー、車載機器事業部のチームリーダー……。

そんな人々がリストラ対象となり、新しい人生を模索することを強いられていく。「社員は家族」「ソニーはレイオフをしない」。かつて創業者の井深大や盛田昭夫が幾度も口にした言葉であったにもかかわらず——。

著者は、人々への取材と並行して、ソニーの歴史をたどり、経営陣の姿勢と志向の変化を探り、かような状況に陥ったわけを解きほぐしている。

戦後間もなく、技術者出身の井深と盛田が立ち上げた東京通信工業（ソニーの前身）は町工場だった。ひたすらモノづくりにいそしみ、そのことがイコール、会社と社員の幸せに直結する「坂の上の雲」時代でもあった。技術陣に恵まれたソニーは節々に秀でた製品を生み出し、拡大していく。創立六十周年の二〇〇六年、世界で十五万人のグループ社員を抱える巨大企業へと変貌していた。

やがてモノが溢れ、近隣諸国の追い上げのなか、技術力の優位性は失われていく。リストラ時代の到来は、大きくは電機産業を取り巻く時代的な環境の変化に起因するが、そればかりではない。

リストラ時代、トップにあった出井伸之はソニー・フランスを設立した国際派で、ストリンガーは放送ジャーナリストの出身である。「構造改革」を推し進めた二人に対し、ソニーOBで技術畑出身の元副社長は痛烈な批判を寄せている。

《「企業である以上、リストラが必要な時はあるでしょうよ。しかし、2回、3回、4回とやるなんて何を考えているんだ。それはリストラクチャリング（再構築）とは言わないんだ。ただの首切りですよ。……それでお金は浮いたでしょうよ。しかし、海外企業や他社に逃れた人材は戻って来やしません。将来を考えればそれこそが本当に大事なんだ。しかし、社外取締役や外国人経営者どもにしてみたら、そんなの知ったこっちゃない！」》

ストリンガーの年俸は八億円を超え、年間わずかしか滞在しない東京の高級ホテルのスイートルームを常時貸し切り状態にしていたという。彼のいう構造改革が痛みを分かち合うものでなかったことは明らかだった。

リストラは、〝やる側〟もまた傷つけずにはおかない。

人事部に所属する女性社員は、ホテル勤務を経てアメリカの大学院で学んだ後、ソニーに中途入社した。リストラを勧告する人事案件はストレスをためる。起き抜けに自身の頭に手をやることがある。頭髪が抜けた夢を見ていたのだ。

退職願を差し出す社員に向かって、思わず「私も考えているんですよ。ソニーを辞めようかと」と漏らした日があった。

彼女が退職願を提出したのは、早期退職の応募が終了して特別加算金が出ない時期だった。そのことでも話題となったが、彼女にとって加算金の有無は重要ではなかった。自身の選択は仕事のやりがいとプライドの問題であったからだ。

著者は「あとがき」でこう記している。

《家電業界を中心にしたリストラに、私たちが寛容になったのはいつごろからだろうか。

昨日は1万人、今日は5000人と、日本を代表する企業が「余剰人員」を削減すると発表しても、それが異常とは思わなくなっている。恥ずかしいことだが、私もソニーにいた知人たちが次々にリストラに巻き込まれ、ようやく疑問に突き当たったのだ。

彼らは余剰人員とみなされるべき人たちなのだろうか？　そもそも余計な者を雇っていたということなのか？》

著者のまっとうな疑念と憤りが、作品を貫く背骨の思いとなっている。

リストラに直面した人々のその後は、ハッサン氏はソニーを退社してコンサルタントになり、あるいは大学の特任准教授に、ベンチャー企業の顧問に、起業家に、ミニプリンター会社の海外営業部課長に、外資系の医療機器会社の社員に——と多岐に及んでいる。

会社ってなんだ、会社人生はまた人生のすべてではない——それが本書の行間に込められたもう一つのメッセージである。リストラ時代に生きる私たちへのほのかな応援歌ともなっている。おそらくそれは、組織内ジャーナリストとして歩んだのち、フリーランスとして生きる道を選択した著者の個人史に由来している部分もあるのだろう。

本作品は二〇一五年四月、小社より刊行された『切り捨てSONY　リストラ部屋は何を奪ったか』を一部修正し、改題したものです。

（本文中の年齢、肩書、地名などは執筆当時のもの）

清武英利－1950年宮崎県生まれ。立命館大学経済学部卒業後、75年に読売新聞社入社。青森支局を振り出しに、社会部記者として、警視庁、国税庁などを担当。中部本社（現中部支社）社会部長、東京本社編集委員、運動部長を経て、2004年８月より読売巨人軍球団代表兼編成本部長。11年11月、専務取締役球団代表兼GM・編成本部長・オーナー代行を解任され、係争に。現在はノンフィクション作家として活動。著書『しんがり 山一證券 最後の12人』（講談社＋α文庫）で2014年度講談社ノンフィクション賞受賞。主な著書に『特攻を見送った男の契り』（WAC BUNKO）など。本書の元になった単行本『切り捨てSONY』は2016年度大宅壮一ノンフィクション賞の最終候補作になった。

講談社＋α文庫 奪《うば》われざるもの
──SONY「リストラ部屋」で見た夢
清武英利《きよたけひでとし》

2016年５月19日第１刷発行
2016年８月４日第４刷発行

発行者────鈴木 哲
発行所────株式会社 講談社
東京都文京区音羽2-12-21 〒112-8001
電話 編集(03)5395-3522
販売(03)5395-4415
業務(03)5395-3615
デザイン────鈴木成一デザイン室
カバー印刷────凸版印刷株式会社
印刷────大日本印刷株式会社
製本────株式会社国宝社
本文データ制作────朝日メディアインターナショナル株式会社

落丁本・乱丁本は購入書店名を明記のうえ、小社業務あてにお送りください。
送料は小社負担にてお取り替えします。
なお、この本の内容についてのお問い合わせは
第一事業局企画部「＋α文庫」あてにお願いいたします。
Printed in Japan ISBN978-4-06-281673-1
定価はカバーに表示してあります。

講談社+α文庫 Ⓖビジネス・ノンフィクション

*図解 早わかり業界地図2014	ビジネスリサーチ・ジャパン	あらゆる業界の動向や現状が一目でわかる！　2550社の最新情報をどの本より早くお届け！	657円	G 235-2
すごい会社のすごい考え方	夏川賀央	グーグルの奔放、IKEAの厳格……選りすぐった8社から学ぶ逆境に強くなる術！	619円	G 236-1
6000人が就職できた「習慣」 自分の花を咲かせる64カ条	細井智彦	受講者10万人。最強のエージェントが好不況に関係ない「自走型」人間になる方法を伝授	743円	G 237-1
早稲田ラグビー 黄金時代2001―2009 主将列伝	林　健太郎	清宮・中竹両監督の栄光の時代を、歴代キャプテンの目線から解き明かす。蘇る伝説!!	838円	G 238-1
できる人はなぜ「情報」を捨てるのか	奥野宣之	50万部大ヒット『情報は1冊のノートにまとめなさい』シリーズの著者が説く取捨選択の極意！	686円	G 240-1
憂鬱でなければ、仕事じゃない	見城　徹 藤田　晋	日本中の働く人必読！「憂鬱」を「希望」に変える福音の書	650円	G 241-1
絶望しきって死ぬために、今を熱狂して生きろ	見城　徹 藤田　晋	熱狂だけが成功を生む！　二人のカリスマの生き方そのものが投影された珠玉の言葉	650円	G 241-2
新装版「エンタメの夜明け」 ディズニーランドが日本に来た日	馬場康夫	東京ディズニーランドはいかに誕生したか。したたかでウイットに富んだビジネスマンの物語	700円	G 242-2
箱根駅伝 勝利の方程式 7人の監督が語るドラマの裏側	生島　淳	勝敗を決めるのは監督次第。選手の育て方、10人を選ぶ方法、作戦の立て方とは？	700円	G 243-1
箱根駅伝 勝利の名言 監督と選手34人、50の言葉	生島　淳	テレビの裏側にある走りを通しての人生。「箱根だけはごまかしが利かない」大八木監督（駒大）	720円	G 243-2

講談社+α文庫 Ⓖビジネス・ノンフィクション

武士の娘 日米の架け橋となった鉞子《えつこ》とフローレンス	内田義雄	世界的ベストセラー『武士の娘』の著者・杉本鉞子と協力者フローレンスの友情物語	840円	G 255-1
誰も戦争を教えられない	古市憲寿	社会学者が丹念なフィールドワークとともに考察した「戦争」と「記憶」の現場をたどる旅	850円	G 256-1
絶望の国の幸福な若者たち	古市憲寿	「なんとなく幸せ」な若者たちの実像とは？ メディアを席巻し続ける若き論客の代表作！	780円	G 256-2
今起きていることの本当の意味がわかる 戦後日本史	福井紳一	歴史を見ることは現在を見ることだ！ 伝説の駿台予備学校講義「戦後日本史」を再現！	920円	G 257-1
しんがり 山一證券 最後の12人	清武英利	'97年、山一證券の破綻時に最後まで闘った社員たちの物語。講談社ノンフィクション賞受賞作	900円	G 258-1
奪われざるもの SONY「リストラ部屋」で見た夢	清武英利	『しんがり』の著者が描く、ソニーを去った社員たちの誇りと再生。静かな感動が再び！	800円	G 258-2
日本をダメにしたB層の研究	適菜収	いつから日本はこんなにダメになったのか？ ——「騙され続けるB層」の解体新書	630円	G 259-1
Steve Jobs スティーブ・ジョブズ I	ウォルター・アイザックソン 井口耕二 訳	あの公式伝記が文庫版に。第1巻は幼少期、アップル創設と追放、ピクサーでの日々を描く	850円	G 260-1
Steve Jobs スティーブ・ジョブズ II	ウォルター・アイザックソン 井口耕二 訳	アップルの復活、iPhoneやiPadの誕生、最期の日々を描いた終章も新たに収録	850円	G 260-2
ソトニ 警視庁公安部外事二課 シリーズ1 背乗《はいの》り	竹内明	狡猾な中国工作員と迎え撃つ公安捜査チームの死闘。国際諜報戦の全貌を描くミステリ	800円	G 261-1

＊印は書き下ろし・オリジナル作品

表示価格はすべて本体価格（税別）です。本体価格は変更することがあります

完全秘匿 警察庁長官狙撃事件	竹内 明	初動捜査の失敗、刑事・公安の対立、日本警察史上最悪の失態はかくして起こった!	880円 G 261-2
僕たちのヒーローはみんな在日だった	朴 一	なぜ出自を隠さざるを得ないのか? コリアンパワーたちの生き様を論客が語り切った!	600円 G 262-1
モチベーション3・0 持続する「やる気!《ドライブ!》」をいかに引き出すか	ダニエル・ピンク 大前研一 訳	人生を高める新発想は、自発的な動機づけ! 組織を、人を動かす新感覚ビジネス理論	820円 G 263-1
人を動かす、新たな3原則 売らないセールスで、誰もが成功する!	ダニエル・ピンク 神田昌典 訳	『モチベーション3・0』の著者による、21世紀版「人を動かす」! 売らない売り込みとは!?	820円 G 263-2
ネットと愛国	安田浩一	現代が生んだレイシスト集団の実態に迫る。反ヘイト運動が隆盛する契機となった名作	900円 G 264-1
モンスター 尼崎連続殺人事件の真実	一橋文哉	自殺した主犯・角田美代子が遺したノートに綴られた衝撃の真実が明かす「事件の全貌」	720円 G 265-1
アメリカは日本経済の復活を知っている	浜田宏一	ノーベル賞に最も近い経済学の巨人が辿り着いた真理! 20万部のベストセラーが文庫に	720円 G 267-1
警視庁捜査二課	萩生田 勝	権力のあるところ利権あり——。その利権に群がるカネを追った男の「勇気の捜査人生」!	700円 G 268-1
角栄の「遺言」 「田中軍団」最後の秘書 朝賀昭	中澤雄大	「お庭番の仕事は墓場まで持っていくべし」と信じてきた男が初めて、その禁を破る	880円 G 269-1
やくざと芸能界	なべ おさみ	「こりゃあすごい本だ!」——ビートたけし驚嘆! 戦後日本「表裏の主役たち」の真説!	680円 G 270-1

*印は書き下ろし・オリジナル作品

表示価格はすべて本体価格(税別)です。本体価格は変更することがあります